| 滿載全彩照片與品系解說、飼養&繁殖資料 |

豬鼻蛇超圖鑑

How to keep Western Hognose Snake

從飼育知識到日常照護一本全掌握

西沢 雅／著　川添 宣広／攝影・編
許郁文／譯

introduction

lovely Western Hognose Snake

所謂的「豬鼻蛇」在大多數的情況下都是指「西部豬鼻蛇」。

獨特的長相與短短肥肥的身體實在很可愛，

而且個性也很溫馴，所以越來越多人當成寵物蛇飼養。

白化

紅超級康達

charming Western

糖果

焦糖

黃

Hognose Snake

黃色素缺乏

缺黃超級康達

CONTENTS

Chapter 4

Chapter 5

Chapter 6

Chapter

1

西部豬鼻蛇的基礎知識

——basic of Western Hognose Snake——

首先讓我們先從了解西部豬鼻蛇的基礎知識開始。
在飼養西部豬鼻蛇之前，先了解牠們的生態與棲息國家(地區)，
可以從中得知許多重要且實用的知識，
才能與牠們長長久久地相處。
請大家一邊發揮想像力，一邊閱讀內容。

Lesson

01 前言

西部豬鼻蛇（*Heterodon nasicus*）屬於黃頜蛇科異齒蛇亞科豬鼻蛇屬，主要的原產地為北美大陸（美國），屬於棲息在地面的蛇類。牠們的棲息範圍非常廣泛，北至加拿大南部，一直往下延伸至北美中央地帶的北達科他州、南達科他州、內部拉斯加州、堪薩斯州、奧克拉荷馬州，而且與這些州東西相鄰的其他州也可以看見牠們的蹤跡。此外，棲息範圍的南部也包含德克薩斯州、新墨西哥州，以及墨西哥北部這些地區。

如果從中文名字「豬鼻蛇」來看，可能會不太懂「豬鼻」指的是什麼意思。但簡單來說就是鼻尖上翹，看起來的確很像豬的鼻子，且英文名「Western Hognose Snake」的「Hognose」也有「朝天鼻」或是「豬鼻子」的意思。換句話說，豬鼻蛇有90%的特徵都在這個豬鼻子上面。

這幾年以來，歐美國家出現了豹紋守宮（豹紋壁虎）、玉米蛇等各種不同爬蟲類的品系，而在日本等其他國家見到這些爬蟲類的機會也逐漸增加，但這都是最近的事情，20年前左右，還只聽過白化、黃色素缺乏，以及由這2種品種交配而成的雪白豬鼻蛇。我還記得當時這些豬鼻蛇的價格相當驚人，一般人很難說買就買。就目前而言，豬鼻蛇還算是個很新的品種，特別是在遺傳等方面仍然有很多未知的部分，但反過來說，這也是一個值得研究的領域。

以2022年的日本為例，主要是每年定期從德國與荷蘭這些歐盟國家進口人工繁殖個體（CB個體），有時候也會看到從美國或是台灣等地進口的豬鼻蛇。這幾年來，日本國內也接二連三傳出人工繁殖成功的消息，在市面上看到豬鼻蛇的機會也跟著增加。另一方面，在美國加強保護野生生物的方針之下，野生個體（WC個體）的流通數量則大為減少，最近幾乎看不見野生的豬鼻蛇在市面上流通。換句話說，野生個體在幾年前就已經停止流通，所以比較不需要擔心人工繁殖的個體會出現近親交配的問題。就現狀而言，大家可放心地購買豬鼻蛇飼養或是進行繁殖，完全不用擔心買不到。

Lesson

02 飼養的魅力與樂趣

跳過其他熱門蛇類直接選擇豬鼻蛇，應該是有一定的理由（魅力）。或許每個人都有自己的理由，但我認為豬鼻蛇的魅力在於「長相」、「容易飼養」與「最大體型」這3點。

就第一點的「長相」來說，想必大家都知道，豬鼻蛇的外觀不同於其他蛇類。即使有一些近親品種或是長得很相似的蛇類，但另外2種魅力都讓豬鼻蛇更討人喜歡。許多人對於「容易飼養」這點有不同的意見，但以願意吃餌食這點來說，豬鼻蛇與玉米蛇或是王蛇可說是不相上下（吃餌食的部分會在後面介紹）。如果飼養環境恰當或是個體條件佳的豬鼻蛇，應該會比上述的玉米蛇與王蛇更加好養。至於「最大體型」這點，豬鼻蛇的雄性成體約為45公分左右，雌性成體約為70公分左右，比起市面上常見的蛇類（玉米蛇、王蛇或是球蟒等）都來得嬌小許多，有時甚至只會長到一半的大小，所以不用太大的空間就能飼養。雖然不建議把豬鼻蛇養在狹窄的飼養箱裡，但如果你是因為空間不足而放棄飼養豬鼻蛇的話，建議先翻到後面閱讀飼養環境的準備。

當然，不願意接受餵食的個體可能很難飼養，也有些人會擔心豬鼻蛇的後溝毒牙，但如果扣掉這2點，豬鼻蛇真的是很有魅力的物種。尤其是願意接受餵食的豬鼻蛇更是親人，而像玉米蛇或是王蛇這種「愛吃爬蟲類」的蛇種，則會常常拒吃冷凍乳鼠。儘管如此，不知道為什麼豬鼻蛇仍被視為「不吃餌食的寵物蛇」代表。

除了上述的魅力之外，最令人開心的就是，近年來市面上出現許多不同品系與色彩變異的個體。從玉米蛇因為擁有多樣化的品系（可享受交配繁殖的樂趣）而受到歡迎這點來看，如果豬鼻蛇也具有這項魅力，想必是如蛇添翼⋯⋯雖然這麼說有點誇張，但肯定會比現在更受歡迎。

Lesson

03 棲息地區的氣候

豬鼻蛇的棲息地是全年較為乾燥，布滿碎石的荒地。大家可以想像成只零星生長低矮植物的地貌。昆蟲通常會躲在這些植物底下，也經常可以看到捕食這些昆蟲的蛙類。豬鼻蛇也很常將這種地方當成棲息場所。此外，不管哪個地區都還是有所謂的「四季」之分，全年也存在溫差，所以豬鼻蛇除了會冬眠、休眠之外，有時候還會為了避暑而進行「夏眠」。這點後面會提到，休眠與冬眠對豬鼻蛇的繁殖來說非常重要，也可能會影響牠們壽命的長短。

以德克薩斯州的首府奧斯汀（Austin）的氣溫為例，冬季的氣溫雖然不至於會降到0°C以下，但也會降至5～6°C，夏天則會上升到35°C左右。這是該地區的平均氣溫數據，所以也有可能高個幾度或是低個幾度。此外，雖說冬天的氣溫只會降到5～6°C，但有些豬鼻蛇還是會為了避寒而逃到比較溫暖的地方（例如地底等等），因此建議大家不要過於相信上述的數字。

從這些數字來看，或許有些人會覺得跟日本的氣候差不多，但關鍵的差異在於降雨量與濕度。豬鼻蛇的棲息地從9月至隔年5月是降雨量很少的時期（一個月大概只會下4～5天的雨），而且冬天又比日本短上許多。就資料來看，能以「酷寒」形容的月份也只有12月與1月而已。這2個月的日照應該比日本還強烈。順帶一提，我曾在1月的時候前往加州的洛杉磯，發現當地的陽光非常毒辣，同時期的日本完全無法與之相提並論，白天可以只穿一件短袖（而且還因此曬得很黑）。不過一到晚上就會降溫，不多穿一點衣服不行。

這些溫度與濕度的差異，應該可以當作飼養與繁殖豬鼻蛇時的參考。

Lesson 04 生態與生活史

市面上販售的豬鼻蛇大多數是願意吃冷凍餌料鼠的個體，所以很容易讓人誤以為豬鼻蛇本來就是以哺乳類為主食，但是野生的豬鼻蛇其實是以蛙類、山椒魚的近親（有尾目）、小型蜥蜴、守宮等兩棲類和爬蟲類為主食。雖然豬鼻蛇偶爾會吃哺乳類與小型的鳥類，但其實牠們不太愛吃哺乳類，這也是人工飼養的豬鼻蛇常被認為「容易拒食」的原因。大部分的豬鼻蛇都愛吃蛙類，尤其是蟾蜍，如果將日本蟾蜍的幼體放入拒食的豬鼻蛇所在的飼養箱裡，有時豬鼻蛇會做出很驚人的反應，一口就咬上去。此外也有報告指出，豬鼻蛇對日本雨蛙很有興趣，極有可能是因為牠們常在棲息地捕食這類青蛙（蟾蜍屬：包含舊蟾蜍屬的雨蛙屬）。

豬鼻蛇雖然是日行性蛇類，但還是會在青蛙頻繁出沒的夜間（傍晚）出來捕食。此外，棲息地盛夏正午的氣溫並不適合豬鼻蛇在外活動，因此牠們通常會在早上或傍晚離開巢穴捕食，至於溫度很高的中午則會躲在巢穴裡。有時豬鼻蛇會靈活地運用鼻尖在岩石底下挖巢穴，有時則會偷偷潛入其他小動物挖好的巢穴中。

基本上豬鼻蛇的個性很溫和，但有些個體也會像眼鏡蛇一樣豎起身體威嚇敵人，但通常就只是威嚇而已，會真的氣得往敵人身上咬的豬鼻蛇，可說是100條找不到一條。偶爾會看到牠們一邊噴氣，一邊做出準備彈射的動作，但其實牠們並沒有張開嘴巴，只是假裝要用鼻尖衝撞敵人而已。如果飼養者每次看到這個動作就大吃一驚的話，反而會對豬鼻蛇造成不良的影響（因為牠們會更害怕），所以飼養者最好習以為常。

此外，豬鼻蛇還有一種特殊習性，那就是「裝死」，也就是在遇到敵人或是攸關生死的危機時，便會把身體蜷縮成一團，突然翻肚不動。很多豬鼻蛇甚至會在這時候吐舌頭，發揮精湛的演技。不過，人工飼養或是人工繁殖的豬鼻蛇不太會裝死，我也只看過一次。還記得那是我把冷凍餌料鼠置於常溫解凍後，準備餵豬鼻蛇吃時，結果牠氣得發狂的時候所發生的事。為什麼牠會在那時裝死呢？或許是在聞到冷凍餌料鼠的味道時，也隱約聞到老鼠身上的尿騷味（阿摩尼亞的臭味），讓牠誤以為哺乳類要從上方攻擊自己吧。到目前為止，我就只看過這麼一次。我不太建議大家刻意讓豬鼻蛇裝死，因為這會對豬鼻蛇造成壓力，只需要知道豬鼻蛇有這種特殊習性就好了。

擺出威嚇敵人姿態的西部豬鼻蛇

Lesson

05 身體

相較於其他蛇類，豬鼻蛇的身體較短，而本種的身體除了短之外，還比較粗。有些比較大型的母蛇甚至可以長到跟罐裝咖啡差不多的粗細，許多人也覺得這種越長越胖，「短短肥肥」的模樣很可愛。

容我再重申一次，西部豬鼻蛇的魅力與可愛全部濃縮在臉部，尤其朝天鼻更是惹人喜愛，不過，朝天鼻可不是為了做出可愛的表情討人類歡心的裝飾，而是為了在岩石底下挖掘巢穴，或是把躲在土裡的獵物（例如正在休息的青蛙等等）挖出來。只要摸摸豬鼻蛇的鼻尖就會發現，牠們的鼻尖非常硬。此外，到目前為止，我們都將豬鼻蛇的這個部位形容成「鼻尖」，但嚴格來說，這個部位稱為「吻端」，屬於上唇的一部分。真正的鼻孔位於吻端的左後方與右後方。

豬鼻蛇的嘴巴位於吻端的後側，與其他的蛇類一樣，可以大幅地上下張開，也能往

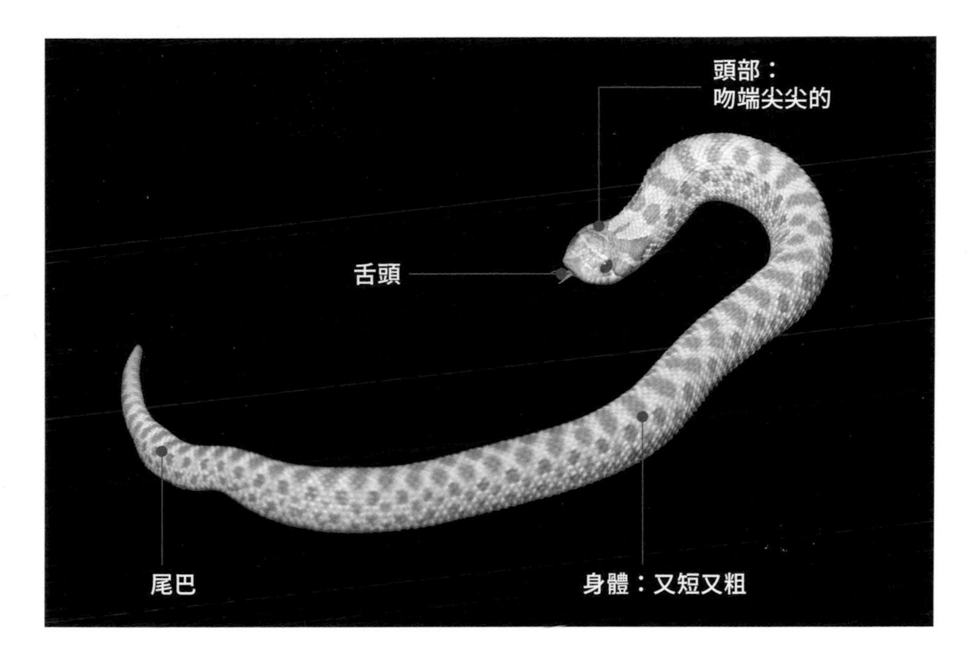

水平方向撐開，所以就算是很大隻的獵物也能一口一口地吞進肚子裡。即使是從幼體開始飼養的豬鼻蛇，有些個體也能橫咬著剛出生的乳鼠，把頭折斷後吞下肚。

相較於又粗又短的身體，豬鼻蛇的眼睛比較小，但豬鼻蛇屬於日行性蛇類，所以能將瞳孔撐大，露出溫馴可愛的表情。由於牠們的視力不錯，因此就算是人工飼養的豬鼻蛇也會用眼睛追逐獵物。不過要注意的是，牠們似乎是透過嗅覺與味覺進行捕食，所以大部分的個體就算盯著獵物，也不會突然就採取攻擊行動，而是會先聞聞味道，吐出舌頭進行確認。

豬鼻蛇的表皮覆蓋著一層鱗片，而這些鱗片比一般蛇類的鱗片更加粗糙，皮膚也比較厚，只要檢查脫皮之後留下的外皮即可得知。所以相較於其他蛇類或守宮等爬蟲類，豬鼻蛇在脫皮時，外皮通常不太會斷裂，也比較能夠完全脫皮。如果是健康狀況良好的人工飼養豬鼻蛇，通常都能夠蛻下完整的外皮。此外，豬鼻蛇腹部的鱗片（腹板）也明顯比其他蛇類的更寬大。仔細觀察的話，便會發現豬鼻蛇的近親在狹窄的場所移動時，會做出類似毛毛蟲蠕動的動作，這是因為牠們正利用腹部的大鱗片（腹板）勾住地面，一邊蠕動身體，一邊往前移動，可見牠們很懂得運用這些大鱗片。

公蛇的尾巴與其他爬蟲類一樣藏著稱為半陰莖（hemipenis）的生殖器，而且通常比母蛇的尾巴更粗更長，而豬鼻蛇在這點上又更為顯著，所以長到一定年齡或大小的公蛇，幾乎都能從尾巴的粗細與長短來分辨雌雄。另一方面，母蛇的尾巴會從總排泄孔往尾巴末端的方向慢慢變細，長度也比公蛇更短。只要對豬鼻蛇有一定程度的認識，通常都能輕易從外表辨別雌雄，但還是有雌雄難辨的個體，要多加注意。此外，雖然這種情況並不多見，不過蛇類的尾巴一旦斷掉就無法再生。尾巴斷掉之後，傷口會慢慢癒合成圓圓的形狀，所以建議大家不要用力抓住豬鼻蛇的尾巴，或是盡可能避免其他大型生物闖進牠們的飼養箱，害牠們的尾巴被咬斷。

吐舌頭（幽靈）

Lesson

06 關於毒性

在討論西部豬鼻蛇的時候，一定會談到「毒性」。一直以來，豬鼻蛇即為知名的毒蛇。不過，豬鼻蛇與龜殼花或是眼鏡蛇這類「前溝牙型（proteroglyphous）」，也就是前牙藏有毒液的毒蛇很不同。豬鼻蛇為毒腺藏在後牙的「後溝牙型（opisthoglyphous）」，毒液只能讓獵物無力掙扎而已。不過，關於這部分的討論眾說紛云，有部分的研究學者認為豬鼻蛇的毒腺並非毒腺，而是杜維諾氏腺（Duvernoy's gland）這種器官，部分黃頷蛇科的蛇也有這種器官。

杜維諾氏腺的分泌物可以讓獵物無力掙扎，還能幫助消化獵物，所以許多研究學者認為，不該將這種器官與前溝牙型的毒腺混為一談，但也有研究學者認為，這種器官與前溝牙型的毒腺無異，目前尚未有定論。不過，全世界的爬蟲類研究學者幾乎都認為西部豬鼻蛇是無毒的蛇類。

不論如何，2022年日本並未針對飼養豬鼻蛇制定任何規範，而且全世界也沒有傳出有人被豬鼻蛇咬死或被咬傷命危的例子，所以應該不需要過於擔心。尤其豬鼻蛇製造分泌物的器官是位於後牙，所以被前牙輕輕咬一下，並不會造成任何影響。不過豬鼻蛇若是咬人的話，通常都是以為眼前的東西是餌食才會咬住，並慢慢地吞進肚子裡，此時就有可能會碰到杜維諾氏腺所在的後牙，分泌物（毒液）也可能會因此進入身體。

所以若是不小心被豬鼻蛇咬住時，就得在碰到後牙之前進行處理。由於這時豬鼻蛇會以為自己咬住的東西是餌食，如果亂動的話，豬鼻蛇反而會咬得更用力。就我過去被咬的經驗來說，此時只能用手輕輕撬開豬鼻蛇的嘴巴。過去也有人說被豬鼻蛇咬住時，可將牠們泡在水裡逼其鬆開嘴巴，但這種方法的效果恐怕不彰，因為牠們就算泡在水裡幾分鐘也不會覺得痛苦。或許泡幾十分鐘可能會有效果，但這種做法未免太不實際，還不如用手輕輕掰開牠們的嘴巴，要注意盡可能不要傷到牠們的牙齒。

此外，我曾經被大型的母蛇用力咬住右手拇指的根部。雖然右手的拇指腫了起來，但與左手的拇指相比，其實並沒有腫得很厲害，右手的拇指也不至於無法彎曲或是不能動。不過這終究只是個例，每個人的體質不同，被咬的部位也不一樣，有無過敏反應也會產生不同的症狀，所以最好還是避免被咬才是上上之策。

Column

長相特殊的其他蛇類①

馬達加斯加葉吻蛇（公蛇） *Langaha madagascariensis*

馬達加斯加葉吻蛇（母蛇）

鷹鼻蛇 *Gyalopion canum*

Chapter

2

從挑選到飼養環境的準備

——*from pick-up to breeding settings*——

如果對西部豬鼻蛇很感興趣，想要飼養牠們的話，
可以先進行一些事前準備。
請一邊記住適合牠們生存的氣溫與環境，
一邊爲牠們挑選適當的用品！

Lesson

01 購買與挑選個體

近年來，銷售豬鼻蛇的寵物店也越來越多。如果是綜合寵物店的話，通常以銷售爬蟲類寵物為主力，所以豬鼻蛇的數量與品系也較有限，如果「想要看到更多不同品系的豬鼻蛇」或是「想要看到較多的個體」，平日可以多多注意有在銷售豬鼻蛇的爬蟲類專賣店。

近年來，各地經常會舉辦爬蟲類或是兩棲類的展示銷售會，在這類場合購買也是不錯的選擇。如果參加由繁殖業者主辦的活動（只銷售國內繁殖個體的活動），就有機會與繁殖業者進行交流，找到喜歡的豬鼻蛇再購買，建議大家有機會的話，可以去參加看看。不過要注意的是，活動期間通常不會太長，業者大多都很忙，想要購買的人也怕會干擾業者，所以通常只能聽到最基本的說明（業者也沒時間完整地說明）。如果是新手或是擔心自己照顧不周的人，還是直接到實體店鋪，讓店員為你進行詳細的說明。

至於該怎麼將豬鼻蛇帶回家呢？如果是值得信賴的店家或繁殖業者，通常會根據不同時期的需求或是個體的差異選擇適當的包裝方式，也會幫忙保暖或是保冷，可以放心交由他們負責。要注意的是，業者無法知道每個人的移動方式或是道路的情況（例如非常炎熱或寒冷的環境等等），所以在購買時不妨主動告訴業者這類資訊，或是攜帶保溫箱或其他可以自行準備的物品。

豬鼻蛇算是耐暑的生物，只要不是置於盛夏的室外或直接放在太陽底下曝晒，基本上都能安然地度過春天到秋天。冬天的話，店家通常會幫忙準備暖暖包，但有些活動場合並不會準備，所以最好還是自行攜帶這類保暖用品。要注意的是，如果暖暖包貼錯地方，有可能會導致豬鼻蛇中暑，所以若是不知道該貼在哪裡，不妨直接詢問店家或是請店家幫忙貼。如果打算自行處理，也千萬不要直接貼在塑膠杯底下。雖然很難以文字形容，但大致上就是貼在你會覺得「貼在這裡有效嗎？」的地方（外袋內側的側面等）。豬鼻蛇很少冷死，但太熱卻會讓牠們很快熱死。很多人不知道爬蟲類與大部分的生物都很耐寒，能夠忍受低溫寒冷，但只要氣溫過高就會因為中暑而死亡。說得極端一點，如果沒有暖暖包保暖，中型的豬鼻蛇在冬天大概可以撐一個小時，所以不太可能在搭車的時候死掉。這當然不是值得鼓勵的行為，但還是希望大家能對爬蟲類有多一層的認識。

在挑選個體時，大部分的人都會先從喜歡的顏色與花紋著手，但如果是新手的話，最好選擇已經長大的個體。豬鼻蛇雖然是很強壯的蛇類，但幼體畢竟比成體來得脆弱，如果照顧不當，很有可能造成牠們死亡。我知道有許多人想從幼體開始養，但最好挑選比較容易養大的個體。再者，是否願意吃冷凍餌料鼠也是挑選的重點之一。成體幾乎都願意吃冷凍餌料鼠，但挑食的幼體也不少，若有這方面的疑慮，在購買時請務必向店家再三確認。

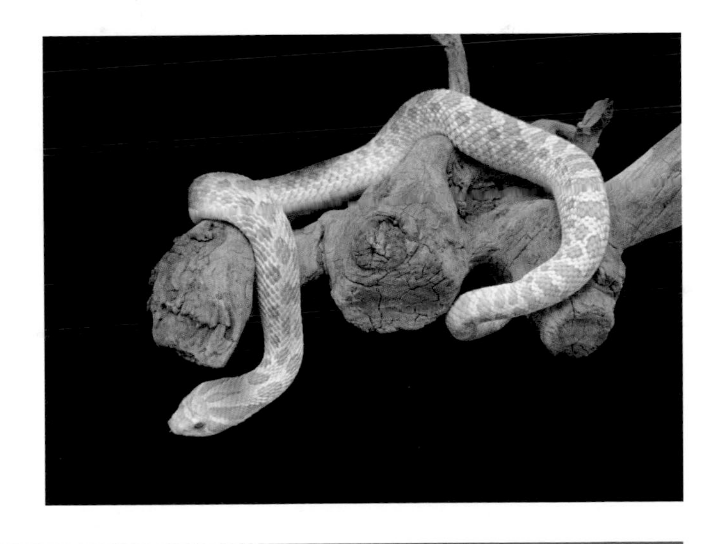

Lesson

02 準備飼養箱

豬鼻蛇與豹紋守宮一樣，只需備妥簡單的環境就能開始飼養。雖然養的是豬鼻蛇，但不用額外準備其他用品，只要以飼養黃頷蛇的環境飼養即可。

飼養豬鼻蛇的時候，至少需要備齊下列用品。

□通風且沒有縫隙，蓋子可以蓋緊的飼養箱
□底材
□水容器
□遮蔽物（可以讓豬鼻蛇躲起來）
□溫度計
□保溫用品

這些用品必須根據豬鼻蛇的健康狀況與體型挑選適當的大小，但只要準備這些用品就能開始飼養豬鼻蛇。這些用品的使用方法請參考範例照片。

第一步是先挑選飼養箱。成體的公蛇與母蛇在體型上有明顯的差異，所以也得視情況挑選。假設飼養的是體型更大的母蛇，那麼最好挑選底部面積為40×30公分的飼養箱（或是更大一點），因為母蛇的最大體型大約在60公分左右，這種大小的飼養箱可以讓牠住一輩子。挑選飼養箱的重點在於通風以及能蓋緊的蓋子。準備爬蟲類專用的壓克力飼養箱、玻璃爬蟲缸以及大型的塑膠箱應該就夠用。雖然豬鼻蛇是棲息在地面的蛇類，不需要選購挑高型飼養箱，但有一定的高度就能擺一些耐乾旱的植栽，也可以放一些橡木樹皮或是流木當裝飾，讓飼養環境變得更豐富，建議大家依照個人喜好挑選適當的造景材料。

唯一要注意的是使用自製的飼養箱。近年來，有不少飼主在百元商店或是生活用品量販店等處購買適當大小的箱子，自行鑽出通風口當成簡易版的飼養箱使用。我不反對這種做法，但不太建議新手或是覺得這樣不妥的人使用。理由其實很簡單，因為這些箱子不是為了飼養生物而設計的。假設繁殖業者與朋友使用這種箱子飼養，什麼都不懂的人一定會覺得「原來這樣就能養」，甚至會誤以為「這樣養比較好」，但這是因為飼養經驗豐富的人非常了解這種生物的特性以及飼養條件，所以才能自行動手將一般的箱子改造成飼養箱。反過來說，不了解這種生物的特性與飼養條件的人就絕對不該模仿這種方法，因為這麼做非常危險。筆者並不打算推銷業者的商品，但是知名廠商推出的商品（飼養箱）通常比較值得信賴，只要依照說明書使用，在飼養爬蟲類的時候，就不至於不小心害死心愛的寵物。這也意味著使用百元商店的箱子，很有可能會遇到這類風險。如果只是養死還算小事，最怕的是不小心引起火災之類。我知道大家都不想花太多錢，但越是經驗不足的人，就越應該使用專門的飼養箱。

再來是有關底材的部分。底材的種類有很多，最常用的是白楊木屑這類以闊葉樹作為原料的底材。這些底材原本是用來飼養天竺鼠這類小動物，但其實從很久以前就常被當成飼養寵物蛇的底材使用。也有專為爬蟲類製造的底材，對此有疑慮的人可以選擇這種底材。此外，適合能適應乾旱環境的爬蟲類的土壤、材質細緻的樹皮屑、飼養爬蟲類專用的細砂、園藝常用的赤玉土等等，也都是不錯的底材。不管選擇哪種底材都必須重視排水性，能夠常保乾燥是唯一的條件。此外，飼養寵物蛇的時候，基本上底材必須經常全面更換，所以最好選擇方便自行更換的材質。

近年來，在外國繁殖業者的影響之下，有不少人開始將廚房紙巾或是報紙當成飼養黃頷蛇的底材使用。這種做法不是不行，而且也能好好地飼養寵物蛇，但如果只是因為「貪圖方便」才這麼做，事後便有很高的機率會感到後悔。其實只要稍微想一想就不難了解理由。廚房紙巾或是報紙終究只是一張紙，只要寵物蛇在某個地方大便就得換掉整張紙，而為了換掉整張紙，得先把寵物蛇移到另一個飼養箱，或是先讓寵物蛇從遮蔽物後面出來。假設一週要換１～２次的話，這麼做真的會比較輕鬆嗎？還不如換成白楊木屑等其他底材，然後像是處理貓砂一樣，將沾了糞便的底材連同周圍的底材一併鏟掉，再適量地補充一些底材，等過了一定的時間（２～３週）之後，再全面更新底材還來得比較輕鬆。每個人對於輕鬆的定義不同，我也沒辦法多說什麼，但這種做法應該比較可行吧。

除此之外，最近似乎有越來越多人覺得寵物蛇會「誤食」白楊木屑、土壤、樹皮屑這些底材，而誤食有時會對寵物蛇造成致命傷，但請大家仔細想一想，這些底材也屬於大自然的一部分，如果會因為誤食而死亡的話，那麼生存於野生環境中的豬鼻蛇早就滅絕了。筆者至今照顧過相當多黃頷蛇科的蛇類（包含豬鼻蛇），但沒有半條蛇單純因為誤食底材而死亡，儘管誤食白楊木屑與土壤等的例子多不勝數。擔心寵物蛇誤食底材並不是一件壞事，如果實在不希望牠們誤食的話，也可以改用廚房紙巾當作底材。不過，過於擔心牠們誤食底材，反而會沒辦法盡情地飼養。

在其他的用品方面，可自行選購喜歡的款式。比方說，遮蔽物可從各家廠商的產品之中挑選，也可以自行利用流木或橡木樹皮替豬鼻蛇打造。要注意的是，如果是以流木搭建，最好用矽利康或是束帶固定，以免遮蔽物倒塌。如果是以橡木樹皮搭建就比較不用擔心，因為橡木樹皮相對較輕。大型的流木如果沒有固定好，倒塌時直接打在小型個體身上，有時個體會因為被打中重要部位而死亡。如果想排除一切的意外，在搭建遮蔽物的時候，就要牢牢固定每個可能鬆動的地方。使用較大塊的石頭搭建時，也一樣要注意這些問題。

至於溫度計的部分，建議在飼養箱裡裝設一個溫度計，才能正確地掌握飼養箱內部的溫度。如果已經安裝了加溫墊，就要將溫度計裝在另一邊，才能知道飼養箱的哪些地方溫度較低，尤其要觀察飼養箱的溫度在晚上會降到幾度，然後調整加溫墊的數量與溫度高低。不過要注意的是，市售的簡易版溫度計可能不夠精準，不能盡信溫度計上面的數字。

在水容器方面，對於會在水窪喝水的蛇類來說，這是絕對少不了的用品。許多蛇類在脫皮之前會先進入水中保濕，不過，不會潛入水中的豬鼻蛇很多，而會在脫皮之前泡在水中的豬鼻蛇也很多，因此建議挑選一個大小（具有深度）足以讓豬鼻蛇全身泡在水裡的水容器。而且最好選擇材質較為厚重，以及底部面積較大的種類，重量太輕的話很容易打翻，底材也會因此變得潮濕，導致細菌孳生。

飼養環境範例

Lesson

03 保溫用品的挑選與設置

保溫用品是特別需要慎選的設備。之前在Chapter 1也曾經提到過，豬鼻蛇喜歡略高的溫度，所以飼養的時候最好將溫度控制在25～33℃之間。雖然豬鼻蛇不會因為溫度略低就死亡，但是會變得沒有活力以及食慾不振。此外，如果在炎熱的白天餵太多食物，有些豬鼻蛇會在氣溫驟降的夜裡因消化不良而嘔吐，有時甚至會因為沒辦法好好消化肚子裡的食物而死亡，所以請務必確認夜晚飼養箱裡的溫度是否適當。

基本上會在飼養箱的底部安裝加溫墊，如果這樣還是沒辦法在冬天提高飼養箱內部的溫度，不妨試著在飼養箱的上方加裝「電熱片」，也可以在飼養箱的側邊配置加溫墊（電熱片的安裝位置需要花點心思）。或是使用保溫燈或陶瓷燈這類用品進行保溫，但小型的飼養箱很難安裝這類燈具，塑膠或是壓克力材質的飼養箱也有可能不小心被這類燈具的高溫融化，進而造成火災。此外，就算飼養箱內部的空間夠寬敞，蛇類還是有可能往上攀爬並纏住保溫燈，結果不小心被燙傷，所以實在不建議安裝這類保溫燈。在這方面有疑慮的人，不妨在選購時請教店員。

要注意的一點是，不要以「這個大小的保溫用品應該足以應付這個尺寸的飼養箱」這種觀念來挑選保溫用品。根據飼養箱的大小來挑選保溫用品固然是對的，但大家不妨想想看，在氣密性極高的新公寓與屋齡幾十年、冷風會從縫隙鑽進來的獨棟房屋飼養豬鼻蛇時，保溫的方法會一樣嗎？更進一步來說，就算沒有養爬蟲類，有些飼養貓狗的家庭也會一年365天24小時開著空調或是地暖對吧？

由此可知，在挑選保溫用品的時候，必須視居家環境而定。筆者在新手挑選保溫用品時，都會替新手「問診」，因為在不知道居家環境的前提之下，隨意推薦保溫用品有可能會危及寵物的生命。如果新手在不知道該怎麼挑選保溫用品時，可以提供一些設置飼養箱的居家環境資訊給店員，店員應該就能根據這些資訊以及飼養箱的大小推薦適當的保溫用品。

選購適合飼養箱的保溫用品之後，接下來就是安裝了。安裝的重點在於「不要讓整個飼養箱的內部變得很熱」。比方說，若是在飼養箱的底部安裝加溫墊，雖然還是得依照季節或是居家環境進行調整，但建議一開始先讓加溫墊接觸飼養箱底部一半到三分之二的面積，如果溫度不夠的話，再增加加溫墊的接觸面積。此時的重點在於一定要預留一小塊沒有接觸加溫墊的面積（至少要有四分之一左右），如果不留一塊這種「避暑」的角落，豬鼻蛇有可能會中暑，有時候甚至會因此猝死。沒有接觸加溫墊的角落維持在24～26°C上下，有接觸加溫墊的位置則維持在30～33°C左右，這樣就不會有太大的問題。

前面提過，大部分的生物都比較怕熱，不太會因為過冷而死掉，所以在調節溫度的時候，最好反問一下自己「這樣會不會不夠保暖？」並進行微調。基本上，可一邊確認溫度計的數值，一邊觀察個體所在的位置，再調節飼養箱的溫度。如果豬鼻蛇老是待在有加溫墊的地方，就代表「飼養箱的內部有點冷」；如果豬鼻蛇老是躲在沒有加溫墊的角落，就有可能是「太熱了」；如果一整天都在飼養箱裡自由地活動，則代表「溫度適中」。不過這終究只是一種參考，野生動物的生活能力（危機管理能力）比我們想像中還強，當然要讓牠們發揮這項能力。唯一要注意的是，如果冷氣太強的話，牠們會一直待在有加溫墊的地方，這樣有可能會造成低溫灼傷，所以最好事先想好對策。

市售的加溫墊

從上方加熱的電熱片

溫度計

Chapter

3

平時的照顧

— everyday care —

開始飼養豬鼻蛇之後，當然要每天細心地照顧牠們。
餵食可說是飼養牠們最大的樂趣，也是最大的難關。
大家不妨好好檢視一下，
自己一直以來的餵食方法是否正確。

Lesson

01 餌食的種類與餵食頻率

Chapter 1中有稍微提到，豬鼻蛇是以兩棲類與爬蟲類為主食。不過，市售的個體通常都願意吃冷凍餌料鼠，所以本章也以冷凍餌料鼠的餵食為前提進行說明。

如果是願意吃冷凍餌料鼠的個體，只要不偏食，只餵冷凍餌料鼠也能讓豬鼻蛇一直保持健康。我知道大家偶爾會想「餵食其他餌食」，不過，要是豬鼻蛇因此愛上其他餌食，再也不吃冷凍餌料鼠的話，那可就麻煩了，所以建議大家別自作聰明，一直餵冷凍餌料鼠就好。基本上，不需要額外補充營養品，但如果還是擔心豬鼻蛇營養不足的話，可試著在冷凍餌料鼠沾上少量的維生素補充劑（維生素A與E都是豬鼻蛇可以攝取的維生素）。不過，就我看過數百隻豬鼻蛇的經驗來說，從來沒遇過沒餵營養品就變得很不健康的例子。

關於冷凍餌料鼠的部分，現在除了可以在專賣店買到，許多綜合寵物店、生活量販店等都有銷售，很方便就能買到。而且冷凍餌料鼠的大小還細分到公分或公克等單位，所以應該可以依照個體的大小購得適當的冷凍餌料鼠。

「到底應該買多大隻的冷凍餌料鼠？」答案是以豬鼻蛇身體最粗的部分為基準，只要選擇大小與其差不多的冷凍餌料鼠即可，這也是餵食蛇類的共通標準。幸運的是，豬鼻蛇的頭部大小與身體粗細幾乎差不多，所以應該不難判斷該買多大隻的冷凍餌料鼠才對。另一方面，玉米蛇等蛇類的頭部通常比身體還細，因此有不少人會依照頭部的粗細挑選冷凍餌料鼠，但這樣有可能太小隻，容易導致寵物蛇的進食量不足。建議大家可視情況選擇不同大小的冷凍餌料鼠，比方說，如果冬天氣溫太低，擔心寵物蛇難以消化的話，可以挑選小一號的冷凍餌料鼠；如果是溫度較高的夏天，寵物蛇的食慾可能會變得比較旺盛，此時就可以挑選較大隻的冷凍餌料鼠餵食。

此外，如果是剛長毛的冷凍餌料鼠（例如小白鼠），體型恐怕太大，最好盡量避免餵食。豬鼻蛇本來就是以青蛙、山椒魚、爬蟲類這些沒有長毛的生物為主食，如果吃太多長毛的生物，很有可能會因為無法消化這些毛而影響健康（如果個體的體型夠大就無所謂）。要是有疑慮的話，可以多餵幾隻乳鼠。在此要請各位了解的是，每個飼主對於鼠毛的想法都不一樣，筆者也只是提供個人的見解而已。

至於餵食的頻率主要是取決於個體的大小，如果是未滿一歲的豬鼻蛇，可以3～4天餵食一次，如果是體型更大的豬鼻蛇，則可4～5天餵食一次。豬鼻蛇的代謝很快，不太會有「宿便」的問題，沒多久就會消化完畢，然後排出液態的排泄物。簡單來說就

是吃多少拉多少，能量轉換率很差的生物。成長至成體之後，若以飼養球蟒的方式，每2週餵食一次的話，很有可能會營養不足。話說回來，早期也有人每天餵食，但這樣只是浪費餌食。動物能夠攝取的營養量都有上限，這與大胃王不一定都是身高2公尺的巨人是一樣的道理。此外，如果每天餵小孩一大堆食物，只會害他們變胖，不一定能讓他們長高，所以同樣的道理也適用於豬鼻蛇。餵太多冷凍餌料鼠只能促進這方面的經濟，所以建議大家適度地餵食就好。

Lesson

02 解凍冷凍餌料鼠的方法

解凍冷凍餌料鼠的方法有很多，但必須根據蛇種與冷凍餌料鼠的種類選擇不同的方法解凍。以豬鼻蛇為例，建議的解凍方式是直接把冷凍餌料鼠泡在自來水（從水龍頭流出的常溫水）中。有些人覺得不要只是泡在水裡，而是要一直沖水比較好，但其實不用這麼麻煩。最近也有不少人是以熱水解凍，但我建議不要這麼做，其實只要想像一下我們吃的冷凍魚類或肉類就會知道為什麼。應該不會有人把這些冷凍食物直接放進微波爐解凍對吧？以高溫解凍冷凍食物會讓食物流出血水，品質也會瞬間變差，而冷凍餌料鼠也會有一樣的問題。豬鼻蛇與蚺蛇或蟒蛇不同，沒有透過體溫偵測獵物的習性，所以不需要替牠們加熱食物，也不需要這樣解凍。如果只是為了縮短餵食的時間，那就選在比較不忙碌的日子餵食就好。

也可以將冷凍餌料鼠直接放在室溫下解凍，但Chapter 1介紹豬鼻蛇的裝死習性時有提過，牠們可能會因為聞到冷凍餌料鼠身上的臭味或是阿摩尼亞的味道而有所警戒，所以才會建議將冷凍餌料鼠泡在水裡解凍，順便洗掉這些味道。如果餵的是乳鼠，就算是泡在隆冬時節的冰水中，大概15分鐘就能完全解凍。要注意的是，就算覺得已經完全解凍，還是要用手指摸一摸冷凍餌料鼠，確認有沒有還未解凍的部分。雖然冷凍餌料鼠會因為氣溫或水溫而冰冰的，但其實解凍完便可直接餵食，如果擔心豬鼻蛇吃壞肚子的話，可以先置於室溫下回溫再餵食。

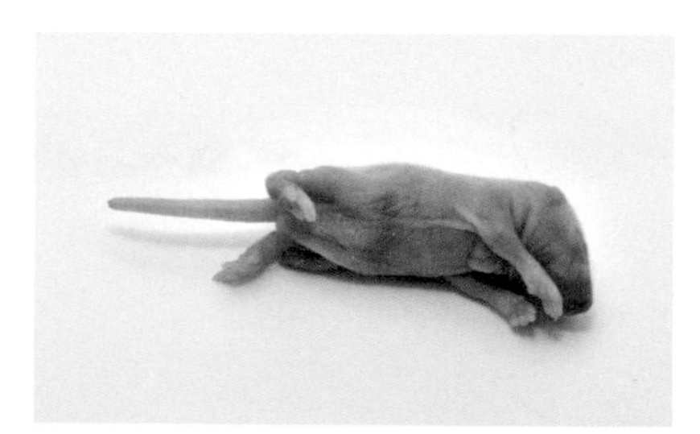

乳鼠

解凍中的乳鼠

Lesson

03 人工飼料

近年以來，爬蟲類的人工飼料變得非常多元化，與此同時，人工飼料也漸漸變成主流的飼料。而且不像早期那樣，覺得「反正都願意吃」，便直接拿其他生物的飼料來餵食，而是根據不同的生物調配適當的飼料。在種類多不勝數的飼料之中，Repashy公司的凝膠飼料可說是領先的佼佼者，近年來也推出各式各樣的飼料。

在這麼多種的飼料之中，比較適合豬鼻蛇的是「肉派（Meat Pie）」這種飼料，這本來是為了肉食性的爬蟲類與兩棲類所開發的飼料。這種飼料的主原料為雞高湯，特徵是高蛋白、低脂肪，所以比較不會有人工飼料那種不小心餵太多就變胖的問題。如果只是「偶爾才願意吃」，就沒辦法當成飼料餵食，所以Repashy公司的員工曾經單以「肉派」這種飼料餵食多隻豬鼻蛇，而且都是從幼體養到成體，每隻都很健康地長大。據說現在他們正準備幫豬鼻蛇進行配對，試著讓牠們繁殖。筆者也曾試著餵食「肉派」，大部分的個體都沒有拒食的問題。雖然現在以肉派餵食的實例還不算太多，但我認為這或許會是飼養豬鼻蛇的一大轉捩點。由於凝膠飼料是粉狀，因此很容易消化，間接解決了剛剛提到的老鼠毛問題。除了豬鼻蛇之外，襪帶蛇（Garter Snake）也有不少的實例，而且已經開始繁殖。野生的襪帶蛇是以魚或兩棲類為主食，所以算是與豬鼻蛇擁有相近習性的蛇類。假設襪帶蛇的實驗成功，那麼豬鼻蛇也很有可能得到相同的實驗結果。筆者之後也會繼續收集相關的資料，有機會的話，再為大家介紹。

Lesson

04 各種餵食方法與拒食的對策

雖然每個人的餵食方式不盡相同，但最傳統的方式莫過於用鑷子將解凍的冷凍餌料鼠夾到豬鼻蛇的面前，但也不是非這樣餵食不可，也可以將冷凍餌料鼠放在飼養箱的盤子上，當成靜態的餌食來餵食。有些還不太熟悉環境的個體就只能這樣餵食。此外，如果沒有時間把冷凍餌料鼠一隻隻夾到豬鼻蛇的面前，也可以使用這種方式餵食。話說回來，餵食的方法就這2種，大家可依照自己的情況選擇適當的餵食方式（沒有孰優孰劣的問題）。

問題在於拒食的個體。或許有些人會覺得「明明願意吃冷凍餌料鼠，怎麼可能會拒食？」但其實飼養豬鼻蛇時很常遇到這種情況，有些人甚至會誤以為豬鼻蛇不吃冷凍餌料鼠。如果遇到這類情況，可以試試以下的方法。

1　**聞一聞味道，感覺很有興趣，卻不肯張口吃**
2　**一直很生氣或是失控，不願意被餵食**
3　**只咬了一兩下就放開**

1的情況特別容易發生在剛開始餵食的個體身上。牠們知道冷凍餌料鼠是餌食，但有可能會覺得「原本是這個味道嗎？」這算

是還沒完全習慣餌食的情況（主動吃乳鼠的情況只有2～3次的個體）。若是遇到這種狀況，當豬鼻蛇湊近，並以鼻子聞味道的時候，可以稍微搖晃冷凍餌料鼠或是放開冷凍餌料鼠，通常豬鼻蛇就比較願意吃。此外，如果用鑷子刮一刮冷凍餌料鼠的鼻尖，讓體液或是髓液流出來，有些個體也會突然變得願意吃，有機會的話，大家可以試看看。

2的情況算是豬鼻蛇常有的事，卻也是很棘手的情況。一接近冷凍餌料鼠就撐開頸部肋骨，做出威嚇敵人的姿勢，或是不斷地發出氣音，表達自己的憤怒。有些個體會邊生氣邊吃，但大部分的個體都不會在這種情況下吃餌食。假設豬鼻蛇已經開始生氣，就沒有別的方法可以平息牠們的怒氣，只能改天再餵食，或是先將餌食放在飼養箱裡，看看過了半天之後，豬鼻蛇會不會主動去吃。豬鼻蛇的確會因為人類的介入而生氣，但平常並不太會生氣。許多個體在冷靜下來後，都會若無其事地吃餌食，所以一定要試著將餌食放在飼養箱哩，觀察牠們後續的行動。

3的情況則是常發生在豬鼻蛇與其他蛇類身上，也就是明明已經主動咬住餌食，卻一下子就鬆口。習慣絞死獵物的蛇類若是咬住並用身體纏住獵物，通常就會暫時鬆口。不過3卻不是這種情況，有可能豬鼻蛇感覺覺怪怪的，或是味道不太對，覺得「還是不吃好了」就鬆口。這種情況與1類似，經常會在個體還沒完全接受餵食的階段發生，或在有點神經質的個體身上看到。此時（尤其是前者）可以試著故意用鑷子輕輕拉扯牠們咬住的冷凍餌料鼠。如果是不喜歡冷凍餌料鼠的個體有可能會在此時鬆口，但如果是想吃餌食的個體則會跟你拔河，然後一口一口地吞進肚子裡。簡單來說，就是讓牠們覺得「再不把口中的獵物吞進肚子裡，好不容易咬住的獵物就要逃跑了」。這種方法也可以在其他的情況（其他的蛇類）下使用，有機會的話，請大家不妨試試看。

Lesson

05 日常照護

豬鼻蛇需要的照顧並不多，頂多就是餵食、換水、清除糞便與尿酸而已。

日常照護的重點在於餵食與換水。餵食的部分在前面已經說明過，請大家自行翻閱參考。至於換水的部分，只需在水變得混濁或是雜質太多（例如混入很多底材）時進行更換。每天換水也沒問題，養成換水的習慣也不錯。至於水質的部分，可以直接使用自來水，但冬天的自來水比較冰冷，豬鼻蛇若是因為口渴而大口喝下冷水的話，有可能會影響健康，所以在換水的時候，可以混一點點熱水，將冰水調成溫水。

至於清掃糞便的部分，一般只需使用鑷子或是衛生筷，不過豬鼻蛇的糞便通常呈現液狀，所以不太可能「夾得起來」。如果豬鼻蛇在底材的裡面或是上面大便，可將沾到糞便或尿酸的底材以及附近的底材整個拿起來丟掉，然後再補新的底材進去。這並不代表可以不用更換所有底材，因為尿酸會滲入許多地方，不可能每次都清得很乾淨，所以每隔一段時間就得全部換掉。至於多久要換一次，則取決於豬鼻蛇與飼養箱的大小，但通常會根據髒汙的程度，每3～4週全面更換一次。

最理想的做法是，一看到糞便就清理乾淨。累積太多排泄物除了會發出惡臭，還有可能孳生蝨子。豬鼻蛇的代謝很快，排泄也很頻繁，所以有些飼主會覺得清掃糞便很麻煩，但其實清掃糞便的頻率與餵食的頻率差不多，大概3～5天打掃一次即可。如果這樣就覺得麻煩的話，便不適合養寵物。希望大家都能勤勞地清掃寵物的糞便。

次數與分量終究只是參考，還是得觀察個體平日的行動與排泄的狀態，早日掌握飼養的個體與用品的特性，藉此找出最適當的照料方式與頻率。簡單來說，希望各位飼主把「觀察」當成每天重要的功課。

放在手上觀賞

Lesson

06 健康診斷

如果每天都細心地觀察豬鼻蛇，就能夠在牠們有任何異常（生病或受傷等）時早一步發覺，也能在情況變得更嚴重之前解決問題。近年來，出現了不少幫忙治療爬蟲類的醫院，但可以的話，當然不希望需要帶寵物去醫院。

在此為大家介紹幾個飼養豬鼻蛇的時候常見的症狀，這些都是我親眼看過或是耳聞的例子。

1　吐出餌食

2　身上有蝨子

3　脫皮不完全

4　食慾不振

1是其他蛇類也有的問題。顧名思義，就是從口中吐出餌食的意思。不過很多人都以為是一吃就吐出來，但其實不是這樣，而是把已經吞進肚子（胃中），準備消化的食物吐出來。造成這個問題的原因有很多，例如溫度太低、冷凍餌料鼠太大隻，或是在豬鼻蛇進食之後，要牠們移動身體，這些都是常見的原因。

首先是溫度太低這點，其實只要多注意環境的溫度，應該就不會有問題，但比較容易疏忽的是，白天的氣溫還在30°C上下，晚上卻變得很冷的情況。爬蟲類沒辦法自己調節體溫（變溫動物），所以要消化食物就得待在溫度適當的環境下。尤其蛇是需要花很多時間才能完全消化食物的動物，因此必須長時間待在溫度適當的環境中。一旦溫度降低，牠們就會覺得這個環境不太適合消化，進而把胃中的食物吐出來。如果房間有開空調的話，基本上不太會發生這個問題，但如果沒有開空調，就必須確保夜晚的溫度不會太低，若是溫度比較低，也可以先暫時停止餵食。

「為什麼要這麼在意豬鼻蛇吐出食物這件事呢？」有些讀者可能會有這個疑問。其實長到一定程度的個體吐出食物1、2次，也不會對健康造成太大的影響，但對出生沒幾個月的幼體來說，就不是可以等閒視之的事。比方說，剛出生一個月的幼體若是連續吐出食物2～3次，就有可能危及生命，因為體力會越來越衰弱。

如果遇到吐出食物的情況，可以停止餵食一週，只讓豬鼻蛇喝水，直到牠們的內臟與食道恢復正常為止。如果在豬鼻蛇吐出食物之後，想要替牠們補充營養而立刻餵食的話，豬鼻蛇有可能因為食道與內臟還很不舒服而立刻吐出食物。為了避免陷入這樣的惡性循環當中，一定要讓牠們的身體休養一段時間再餵食。

第二個常見的症狀是長蝨子，這個問題同樣會發生在其他蛇類身上，這也是飼養爬蟲類之際，較為棘手的問題之一。蛇類身上的蝨子通常不是壁蝨，而是體色為黑色，體長1～2公釐的蛇蝨，人工飼養的蛇類或蜥蜴身上，常可看到這種蝨子。由於目前在市面上流通的豬鼻蛇有99%都是人工繁殖的個體，因此應該比較不需要擔心蝨子的問題，但也不是百分之百沒有問題。比方說，豬鼻蛇近親的鱗片比較大，蝨子較容易寄生。豬鼻蛇身上之所以會有蝨子寄生，主要是因為來自其他飼養的動物，或是寵物店與繁殖業者沒清乾淨所引起，當然也很可能是來自家中的飼養環境。

解決方法之一，就是不要與剛買來沒多久的野生個體飼養在一起。此外，不管能不能直接看到蝨子，也可以利用除蝨噴霧替個體全面除蝨。只要能做到這2點，就可以讓情況大為改善。其實蛇類能夠感覺到自己的身上有蝨子寄生，所以會為了讓蝨子溺死而暫時泡在水裡，這就是為什麼建議大家一定要準備大一點的水容器。反過來說，如果發現豬鼻蛇泡在水裡很久，不妨檢查一下牠們的體表或是水容器的內部，看看有沒有蝨子出現。

如果真的發現蝨子，一開始通常會在豬

鼻蛇的下顎或是眼睛周圍出現。數量若是不多的話，可以先用鑷子等工具夾掉，再讓豬鼻蛇泡個溫水澡，把蝨子全部溺死。如果之後又出現蝨子，可使用動物專用的除蝨噴劑（「蝨不到」或是「Vapona」），但這類藥劑的效果很強，一個不小心有可能會害幼體死亡，所以請務必事先請教店家或是獸醫再施藥。

3的脫皮不完全是飼養爬蟲類時都會遇到的問題，應該有不少人很煩惱才對。前面已經提過，豬鼻蛇的表皮較厚，所以脫皮後留下的外皮也比較厚，很少會在脫皮的時候斷裂，也不太會有脫皮不完全的問題。話雖如此，卻也不是百分之百不會發生。如果只是身體表面積較大的部分黏著像是海苔一樣的少許表皮，並不算是脫皮不完全，放著不管也不會有問題，唯獨尾巴末端黏著表皮時就要特別注意。

所謂的脫皮是一種新陳代謝，也就是脫去舊皮的意思，對幼體來說也是一種成長。如果身體越長越大，卻還是裹著一層舊皮的話，就像人的手指被橡皮筋纏住一樣，血液循環會因此變差，最糟的情況會導致尾巴末端壞死。雖然尾巴少了幾公分或是幾公釐不至於會死亡，但看了就讓人感到心痛，所以還是建議大家平常多多觀察豬鼻蛇，防範於未然。

脫皮不完全通常與長期待在極度乾燥的環境有關，因此進入容易乾燥的冬天之後，不妨購買加濕的遮蔽物（但還是不能過度加濕）。此外，維生素B群不足或營養失衡，也有可能出現脫皮不完全的問題。使用噴在表皮的脫皮劑或許可以改善這個問題，但這只能治標，無法治本，如果發現豬鼻蛇每次都脫皮不完全的話，不妨在餌料裡添加一些維生素補充劑，或是重新檢視飼養環境有沒有問題。如果飼養箱裡沒有遮蔽物，豬鼻蛇就沒有能「摩擦身體，幫助脫皮」的地方，也可能因此發生脫皮不完全的問題。若是飼養箱太小，沒辦法放置遮蔽物，也可以擺一些流木，或是其他能夠幫助豬鼻蛇脫皮的小道具。

最後的食慾不振（不吃餌食）則是許多飼主面臨的飼養問題，有不少人都來問我該

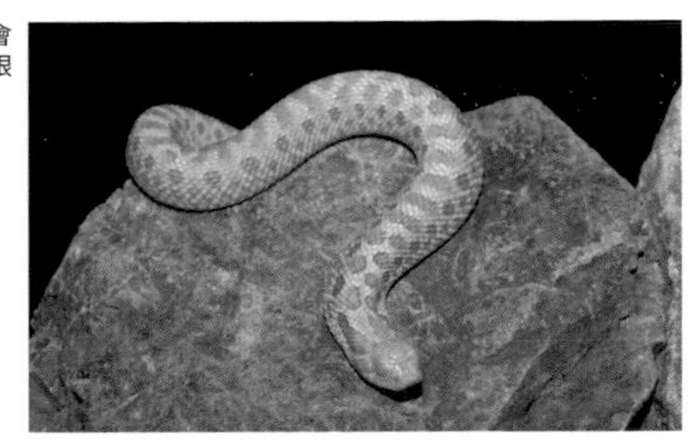

脫皮前的個體。體色會變成白色，而且一看眼睛就知道準備脫皮

怎麼辦，我也很常聽到「拒食」這個字眼。不過這真的是所謂的「拒食」嗎？豬鼻蛇當然有可能「拒食」，也可能因為生病等原因而食慾不振，但以上皆非的情況也很常見。尤其成體一年會有好幾段時期不吃餌料。很多人都將這種時候形容為「拒食」，但其實是大家誤會了。簡單來說，這算是一種「習性（一整年的例行公事）」。這種情況與繁殖章節介紹的「休眠期」有很大的關係，所以不管怎麼利用空調或是加溫墊維持適當的溫度，豬鼻蛇都會因為生理時鐘的關係而暫時停止進食。一旦進入禁食模式，不管換什麼餌料或調節溫度，都沒辦法讓牠們願意吃東西，此時飼主能做的就是靜靜地等待時間過去。

或許有人會因此感到擔心，但是健康的豬鼻蛇成體只要有喝水，可以4～5個月不吃東西。最不該做的事情就是將溫度調得很高，強迫牠們進食。調高溫度的確有效，但豬鼻蛇明明處在休眠期，身體也不想代謝，飼主卻硬是把溫度調高，提高牠們的代謝速度，反而會讓牠們陷入「不想吃東西，但是代謝速度卻變快」的困境。

解決問題的方法應該是先「稍微調高溫度」→「把餌料放在飼養箱裡」→「試著在冷凍餌料鼠沾上各種味道（請參考餵食的章節）」，如果豬鼻蛇還是沒有任何反應，有可能牠們已經進入完全休眠的狀態，這時可將溫度稍微調低，讓牠們感到涼爽一點。這種做法可以讓牠們以為冬天來了，之後再調回原本的溫度，讓牠們誤以為重新活動的季節來了。要注意的是，不要在短時間（一週調整一次之類）之內太過頻繁地調節溫度，不然會對牠們的身體造成很大的負擔，可以的話，以一個月為單位，慢慢地調節溫度比較適當。

至於強制餵食的部分，新手最好不要自行決定要不要強制餵食。豬鼻蛇的身體明明很健康，只是不想吃東西，卻硬是被人灌食的話，會有什麼結果呢？如果當場拒食也就罷了，通常都是把食物吞進肚子，之後又吐出來。這種行為對蛇類來說，只是一種多餘的關心。有些人會將「強制餵食」當成「餵食的手段」，但這絕對是大錯特錯。如果有任何疑慮或擔心的地方，請務必請教獸醫或店家，再決定是否要強制餵食。

照片中的豬鼻蛇也準備要脫皮，眼睛變得白濁

健康的個體

正準備吃人工飼料（肉派）的豬鼻蛇

Column

長相特殊的其他蛇類②

Salvadora deserticola

Scaphiophis albopunctatus

尖喙蛇　*Gonyosoma boulengeri*

巴倫游蛇　*Philodryas baroni*

加彭咻蝰（有毒）　*Bitis gabonica*

角蝰（有毒）　*Cerastes cerastes*

Lesson

07 關於餵食

容我重申一次，野生的西部豬鼻蛇與豬鼻蛇的近親都是以青蛙或是山椒魚這些兩棲類為主食，所以一孵化就願意吃冷凍餌料鼠的個體非常少。那麼，為什麼市售的豬鼻蛇都願意吃冷凍餌料鼠呢？這是因為大部分的繁殖業者與店家都是餵食冷凍餌料鼠，而我們也得為了餵食這類餌料而付出相對的代價（技術費）。或許有些人看到這裡會說「那我想買還沒習慣被餵食的豬鼻蛇，這樣比較便宜」，我不會阻止這些人，但做出如此草率決定的人恐怕會感到後悔。

如果問為什麼豬鼻蛇不願意吃冷凍餌料鼠，主要是因為豬鼻蛇的近親是以味道來判斷眼前的東西是否為餌食，而冷凍餌料鼠與野生青蛙的味道完全不同，所以豬鼻蛇會覺得眼前的東西不是食物，不願意吃。那麼該怎麼做呢？只要讓冷凍餌料鼠的味道與青蛙相似即可。早期的做法是將冷凍餌料鼠拿去摩擦青蛙的身體，讓青蛙的味道或黏液沾附在冷凍餌料鼠的身上，然後再餵給豬鼻蛇。但青蛙不管是不是冷凍的，都沒那麼容易取得，也不可能一直飼養青蛙，這種做法可說是不太實際。所以，近年來歐美的繁殖業者都將貓罐頭的湯汁或是飼料本身沾附在冷凍餌料鼠的身上。一開始我也不太相信這種做法，但是有不少個體都給予不錯的反應。貓罐頭的價格比青蛙便宜很多，而且也比較容易購得，能夠選擇的味道也很多種，大家不妨多嘗試看看。要注意的是，不是所有個體都會因為這樣而願意吃冷凍餌料鼠。如果這個方法行不通的話，可以改成泥鰍、鱒魚、鯖魚這類水煮魚肉罐頭的湯汁或是雞肉、鮭魚的味道，看看豬鼻蛇願不願意吃沾了這些味道的冷凍餌料鼠。尤其冷凍泥鰍的黏液很厚一層，腥味也與青蛙相近，所以有不少個體都很喜歡，如果有機會的話，請大家務必試看看。最近歐盟的繁殖業者則是習慣將鮭魚與水一起倒入攪拌機，打成泥狀，再抹在冷凍餌料鼠的身上，這個方法似乎也值得試試看。

寫到這裡，或許有些人會覺得「非得做到這種程度不可嗎？」但其實有些個體反而無法接受經過上述處理的冷凍餌料鼠，有些則特別喜歡貓咪罐頭的味道，還有些個體甚至在試過一次之後就願意吃冷凍餌料鼠，也有試了10次還是拒吃冷凍餌料鼠的個體。完全只能看運氣。在購買豬鼻蛇的時候，覺得肯不肯吃餌料這點不重要的人，請務必仔細想過再購買。如果打算自行繁殖的話，在飼養幼體的時候，這也是一定會遇到的一大問題，請大家務必記住。

Chapter

4

繁殖

— b r e e d i n g —

近年來，豬鼻蛇與豹斑守宮、玉米蛇一樣，
都繁殖出很多不同的品系，
對繁殖有興趣的人也越來越多。
這意味著，有機會繁殖出原創的品種？
有不少人都是抱持這份期待才對繁殖產生興趣的。
不過，這一切都得等到熟悉飼養過程之後才辦得到。
請大家務必記住，繁殖也是飼養的一環。

Lesson
01 繁殖之前的心理建設

相較於過去，飼養爬蟲類的人的確越來越多，飼養與繁殖的相關資訊也有所增加，取得資訊的管道亦越來越多元。早期只有一小部分的愛好者或是園館設施才懂得「繁殖爬蟲類」，但現在已經有不少愛好者是為了「繁殖爬蟲類」才開始飼養。除了爬蟲類之外，其他的野生物種（野生個體）也不斷減少，所以能有愛好者願意幫忙繁殖、增加個體的數量，絕對是件好事。不過，有些人卻是在還沒開始飼養之前，就已經先想著要繁殖。老實說，這絕對是錯誤的想法，建議有這種想法的人先認真飼養該物種一年，仔細學習飼養的相關知識，再開始考慮繁殖這件事情。

豬鼻蛇其實不算是很難繁殖的物種，就算是新手應該也能成功繁殖，但是經驗尚淺（知識或技巧不足）的新手不一定懂得怎麼管理蛇卵，也不知道該怎麼照顧產後的豬鼻蛇與照料幼體。此外，如果只是繁殖1、2次的話，幸運一點或許就能繁殖成功，但這只能說是「碰巧」，不算是真的「懂得如何繁殖」。「繁殖＝飼養成功的獎勵」，建議大家以謙虛的心來看待這件事，懂得用心飼養個體之後再嘗試繁殖。

再者，在繁殖爬蟲類的時候，請務必事先思考繁殖的個體要怎麼處理。如果是要銷售，或是轉讓給別人飼養，就必須取得「第一類動物買賣登記證」（譯註：台灣必須申請許可並領得營業證照）。如果沒有取得登記證就不能參展，也不能持續進行個人之間的買賣與定期賣給店家，否則就是違法（無償轉讓也算違法）。請大家務必記住這點，有計畫地進行繁殖。如果只是要繁殖的話，就不需要取得任何證照，繁殖之後的幼體若是要自行飼養，也不會有任何問題。

Lesson

02 雌雄辨別

雖然豬鼻蛇算是比較容易分辨雌雄的蛇類，但是請店家幫忙辨別還是比較妥當

雖然許多蛇類都很難從外表分辨雌雄，不過豬鼻蛇的成體卻相對容易分辨。如果是有經驗的人，或許馬上就能分辨出生才2～3個月的豬鼻蛇的性別。如果是出生半年到8個月左右的個體，更是容易分辨雌雄。

不過，對於不善於從外表分辨雌雄的人來說，應該還是覺得很困難才對，所以在此要為大家介紹絕對能分辨雌雄的探針法。這是利用經過特殊處理的金屬棒（sex probe，性別辨識棒）從總排泄孔往尾巴末端的方向插入，再根據可插入的深度（這部分稱為泄殖腔，是用來收納半陰莖的袋狀結構）來判定性別。以豬鼻蛇為例，公蛇的深度通常是母蛇的3～5倍以上，所以這種方法的準確率幾乎可達100%。不過要注意的是，泄殖腔算是蛇類身上最為敏感與纖細的部位，插入異物當然會伴隨著一定的風險，所以在插入的時候，一定要注意力道，曾聽過太過用力而刺穿泄殖腔的例子。覺得沒辦法控制力道的人或是缺乏自信的人，最好交由店家處理，千萬不要逕自進行。

另一種辨別性別的方法則稱為「推出法（Popping）」，也就是利用手指推擠豬鼻蛇的泄殖腔，試著將半陰莖推出來的方法。這個方法不太容易透過文字形容，總之就是用手指從尾巴末端往總排泄孔的方向輕輕推擠泄殖腔，藉此讓半陰莖露出來。這種方法雖然不需要工具，但很難掌握技巧，也有很多人不管怎麼練習都無法推出半陰莖。就算是很熟練的人，遇到肌肉或是皮膚較為發達的大型個體，也不見得都能順利推出半陰莖，偶爾會因為找不到半陰莖而將公蛇誤判為母蛇，所以這個方法並不太建議新手使用。

如果有偏好的性別，建議購買時可以請信賴的店家幫忙辨別。此外，雖然外國的繁殖業者會幫忙辨識雌雄，但出錯的例子也不少，所以還是自己學會辨識方法比較妥當。尤其在外國展示會銷售的蛇類經常會被誤判性別（通常都是公蛇被誤判為母蛇）。如果有疑慮的話，記得先向店家確認。

Lesson

03 關於性成熟

湊齊雌雄一對豬鼻蛇之後，就必須用心飼養，讓牠們達到性成熟。比方說，若是購買當年度出生的幼體，公蛇飼養1～2年左右就能長到適合繁殖的年齡與大小，母蛇則需飼養2.5～3年左右，不過也很常看到一歲多的公蛇就具有繁殖能力。比起個體的大小，性成熟的重點在於年齡（成長速度太慢的個體當然也有問題）。有時候一歲多的母蛇體型會讓人以為「該不會能夠進行繁殖了吧」，但是就像小學高年級的女生也有可能長到150公分以上，是否已經具備繁殖能力才是重點。沒錯，如果只有身體長大，但是身體內部的構造還沒成熟是無法生小孩的。尤其產卵這件事會對母蛇的身體造成極大的負擔，而且產卵之後，成長的速度就有可能會銳減。因此不如多等1～2年，不要硬是強迫自己用心飼養的個體產卵，以免造成不良的影響。尤其母蛇就算冬眠也常常不會發情，所以很常看到公蛇想交配，但母蛇卻理都不想理的情況。這很有可能只是因為母蛇的年齡不足，所以希望大家先將母蛇養到足齡，再開始思考繁殖這件事。

Lesson
04 交配與產卵

如果有幸養了一對達到性成熟的公蛇與母蛇，就可以準備讓牠們交配。交配的方法眾說紛紜，而本書打算介紹最正統的方法。

不需從旁協助，公蛇與母蛇就自行交配的情況雖然罕見，但基本上，若是不讓豬鼻蛇進入冬眠（Cooling），牠們通常就不會發情。在2～3週之內將飼養溫度慢慢調降至10～15°C（大概在15°C上下即可），讓牠們在最低溫度生活約1～2個月，然後再於2～3週之內讓飼養溫度慢慢回升，就能讓牠們進入冬眠。由於在這總長約2～3個月的期間不會餵食，只會準備足夠的水，所以在讓豬鼻蛇進入冬眠之前，務必讓牠們攝取足夠的營養。同時在調降溫度之前，也要先讓牠們完全消化與排泄肚子裡面的食物。如果在豬鼻蛇的肚子裡有很多食物的狀況下降低溫度，牠們很可能會因為溫度不足而出現消化不良的問題。若是消化到一半的食物在體內腐敗，產生了不好的氣體，就會危及牠們的健康（有時候甚至會害牠們死掉）。那一切都將前功盡棄，所以在讓豬鼻蛇冬眠之前，務必讓牠們吃飽，然後預設一段10～15天不餵食的「消化時間」，讓牠們在原本的飼養溫度下慢慢地消化食物，如果時間允許的話，最好將這段消化時間拉長至20天左右。此時的觀察重點在於排泄物，如果排泄物只剩下尿酸，大概就沒問題了。

在這段長達2～3個月的冬眠期結束，飼養溫度恢復至原本的溫度之後就可以重新餵食。只要確實餵食，過一陣子牠們就會開始脫皮（至於得等多久才會脫皮，則因個體而異）。脫皮結束之後，就能讓牠們進行交配，通常是將公蛇放入母蛇的飼養箱。假設公蛇有心交配，一看到母蛇便會做出特別的動作，或是會一邊震動尾巴末端，一邊接近母蛇。如果母蛇也願意接納公蛇就會與公蛇交纏在一起，然後尾巴會微微上揚，方便公蛇進行交配。假設公蛇沒有採取任何行動，或是母蛇不願意交配的話，很有可能還沒達到性成熟，這時可以先讓牠們一起住2～3天，然後分開幾天，再讓牠們一起住2～3天，重複此過程直到雙方願意交配為止。要注意的是，只交配一次不見得會成功，所以至少要讓牠們試著交配兩次。假設第一次的交配成功，有可能會不想再交配；如果第一次的交配只是做做樣子，則有可能會願意進行第二次交配。

產卵

假設交配成功，之後就會進入產卵、照顧蛇卵，並讓蛇卵孵化的階段。確定交配成功的話，大概30～40天就會產卵。母蛇抱卵時，要記得讓母蛇吃飽（平常的餵食量即可），而在接近產卵之前（大概前10～15天左右），母蛇會變得不願意進食，這就是接近產卵日的訊號。不過，有些母蛇還是會在這段期間稍微進食，所以不需要完全停止餵食，只要母蛇願意吃，稍微餵點食物也沒問題。

野生環境下的母蛇會在巢內或是岩石下方的窪地產卵，所以飼主也必須為母蛇準備這類場所。最常使用的道具就是將蓋子剪掉一部分的保鮮盒。若在保鮮盒裡面放一些稍微潮濕的水苔或是椰土，然後擺放在飼養箱內，母蛇通常就會在那裡產卵。要注意的是假設母蛇不喜歡這樣的環境就會不肯產卵，所以要多準備幾處類似的場所讓母蛇選擇。最理想的場所就是入口較為狹窄，母蛇可以在裡面輕鬆捲成一團的空間，而且最好是沒辦法完全看到內部情況（例如半透明或是全黑）的容器。

Lesson 05 蛇卵的管理

母蛇產卵完畢之後，可以偷偷地取出蛇卵，另外照顧。一般會將蛇卵埋在保濕效果不錯的材料裡面，例如椰土、水苔、蛭石或是孵化專用底材等都是不錯的選擇。筆者本身不管飼養什麼寵物，都是使用水苔幫助孵化。之所以選擇水苔，只是因為能一眼看出潮濕還是乾燥，並不代表「水苔就是最佳的選擇」，不妨多方嘗試，找出自己心中的最佳選擇。

一般來說，取出蛇卵之後不要上下顛倒放置（若是水平旋轉就沒問題）。最理想的做法就是直接以產出時的方向埋進孵化專用底材裡，大部分爬蟲類的蛋都是如此處理，而且也不需要埋得太深，只要不會倒下來就沒問題。建議大家可用油性麥克筆在蛋上做個記號，以便在蛋倒下來的時候，能夠知道哪邊才是上面。

此時的重點在於底材的水分與溫度。繁殖經驗不足的人通常會過度擔心，往往容易弄巧成拙，所以真的不用想太多。我常看到有人因為擔心底材太過乾燥而加了很多水。例如使用水苔這種底材，只需加入少量的水讓它保持微濕的狀態。雖然很難透過文字來形容，但大概就是一摸便感到「有點濕」的程度即可。如果一摸或是一看就覺得很濕的話，代表水分已經太多，也不能讓孵蛋的容器一直處於有水滴附著的狀態。其實只要想想大自然的環境，應該就會知道怎樣才是最理想的潮濕程度。比方說，在晴天的時候去公園，然後從地面往下挖10公分的話，會覺得土壤很潮濕嗎？答案應該是NO才對。如果日本是這種狀態的話，那麼北美大陸的棲息地應該更乾燥才對。雖然每個地方的土壤潮濕程度不盡相同，但就算土壤表面是乾的，只要稍微往下挖，便會發現還是有點潮濕才對。建議大家在孵化蛇卵的時候，盡可能讓底材保持這樣的濕度，或是在孵化之前的10～15天，讓底材稍微乾一點也沒關係（稍微乾燥的話，有時反而更適合孵化）。

其次要注意的是溫度。許多人對於濕度有一定的了解，卻不太知道怎麼樣才是適合孵化蛇卵的溫度。不知道是不是因為一般人對於雞蛋的印象太過深刻，所以許多人都以為「孵蛋就要加熱」。但是從結論來說，完全不需要替蛇類的蛋加熱。簡單來說，只要維持飼養溫度即可，飼主該做的就是保持原本的飼養環境，讓母蛇覺得「這是可以產卵的環境」。

雖然每個人設定的飼養溫度都不一樣，不過適合飼養豬鼻蛇的溫度通常介於25～30°C左右，只要維持這個溫度，應該就能順利孵化。其實最適合孵化的溫度落在26～29°C之間，所以若是在有空調的房間飼養，只需要將孵化專用的容器放在飼養箱附近的安全地帶（不會不小心打翻容器的位置）即可。就算是在沒有空調的房間飼養，只要將蛇卵放在與飼養箱相同的環境（氣溫）之下保溫（保冷），就能順利孵化。越是將蛇卵放在孵化器或是恆溫箱這類溫度高於飼養溫度的環境，反而越容易失敗。管理蛇卵的重點在於「與飼養溫度差不多的溫度」而不是「加熱」。孵化器固然是不錯的選擇，但許多人的使用方法錯誤，反而是白費力氣，所以建議先不要使用孵化器。以筆者為例，除了要利用溫度分辨性別之外，基本上是不需要孵化器的。

孵化的景象

剛孵化的幼體

Lesson

06 孵化溫度與性別的關係

有許多爬蟲類都具有TSD（Temperature-dependent Sex Determination）這種以孵化時的溫度來決定性別的特性，但豬鼻蛇卻沒有這種特性。話說回來，基本上並不是所有蛇類都擁有這種特性。不過，蛇類身上還存在許多有待研究的未解之謎，所以這還不是最終結論，有興趣的人也可以試著自行驗證看看。不管孵化溫度是幾度，雌雄的機率都是一半一半（不是公的就是母的），所以只要將孵化溫度設定在方便管理，而且適合孵化的溫度即可。

Lesson

07 孵化之後的幼體照顧與餵食

若讓蛇卵在26～29°C的環境下孵化，大概只需50～60天就會順利孵化。不過孵化溫度若是偏低，或是日夜溫差比較明顯，也有可能會多花幾天才孵化，所以就算過了2個月還沒孵化，也不要以為就此失敗。只要蛇卵的外觀沒有什麼異常（例如有明顯的凹陷或是整顆發霉），不妨抱持試試看的態度，多觀察幾天再下定論。假設整顆蛇卵發霉或是變得黃黃的，可以先移到別的地方，以免影響其他健康的蛇卵。

蛇類的孵化與蜥蜴或是守宮的情況有點不太一樣。大部分的蛇類不會一下子就破殼而出，而是會先探頭，然後在完全吸收蛋黃之前，身體會不斷地進出蛋殼。此時的重點在於不要摸牠，讓牠自己完成所有的事情。如果硬是將牠拉出蛋殼，反而會讓牠無法完整吸收蛋黃的營養，導致牠變成早產兒，所以一定要耐心等待，直到牠自己鑽出殼外。

剛剛孵化的幼體會在1～3天之內脫皮（首次脫皮，first shed）。此時除了不能讓環境太過乾燥，也不能太過潮濕。比起胡亂噴水，還不如在保鮮盒等容器放一些潮濕的水苔，然後將保鮮盒放進飼養箱裡。第一次脫皮之後的7～10天，幼體就會開始吃餌食，所以不需要在剛孵化的時候急著餵食。可試著在第一次脫皮之後的4～5天放些餌食，但千萬不要因為擔心而強迫餵食。

過了這個階段就可以開始餵食。一如前面有關餌食的章節所述，剛孵化就願意吃冷凍餌料鼠的個體非常罕見，所以大家不妨抱持很可能會失敗的心情，試著餵每隻剛孵化的幼體吃冷凍餌料鼠（包含將冷凍餌料鼠靜置在原地，等待幼體自己進食）。可以每隔幾天就試個2～3次，如果豬鼻蛇都不願意吃的話，則可參考Chapter 3的餵食方法，試著以不同的方式餵食。雖然這項作業很辛苦也很需要耐心，但是看到豬鼻蛇願意被餵食的模樣，肯定會比成功餵食其他蛇類還要開心。

Chapter

5

豬鼻蛇圖鑑

——*picture book of Western Hognose Snake*——

近年來，豬鼻蛇的品系數量正急速增加。
就算乍看之下品系相同，豬鼻蛇也擁有不同的個性，
所以光是選擇就充滿了樂趣。
接下來會爲大家介紹基本的純種品系，
以及由各種品系交配而成的複合品系。

【純種品系】

Lesson
01 原生種・經典・野生個體

豬鼻蛇的基本顏色與花紋為介於奶油色與淡褐色之間的米色系，搭配濃淡分明的深褐色塊狀斑紋，而每隻豬鼻蛇的塊狀斑紋都有不同的大小，顏色也明顯不同。之所以會有這些差異，當然與品系有關，但另有一說認為與棲息地的土壤顏色有關。除了野生個體（在野生環境下抓到的個體）之外，這個品系還以原生種或經典這類名字在市場上流通，也有業者什麼都沒註明，直接以豬鼻蛇這個名字銷售。野生個體最大的特徵在於鼻子（吻端），牠們的鼻子通常比人工飼養的豬鼻蛇更大、更長，個性也較為狂暴。不過，近年來已經很難在市面上看到野生個體，買到牠們的機率也變得很低。

野生個體（WC）

原生種

原生種

原生種

原生種

原生種　就算都被稱為原生種，但不同個體有不同的色調等，為挑選增添了不少樂趣

Lesson

02 綠・紅・黃

選擇性交配（多基因遺傳）／源自野生個體

目前常見的做法是挑選偏紅或偏綠的原生種或野生個體進行交配，或是從人工繁殖的個體中挑出顏色特別的個體，加上顏色的名字再進行銷售。選擇性交配又稱為多基因遺傳。一般的做法是從上述的顏色中挑出顏色較深的個體，藉由交配來產生顏色更為深濃的個體。如果與其他品系組合的話，就有可能在自身顏色的影響之下，創造出全新的品系，而當品系的種類越來越多時，豬鼻蛇受到青睞的機率也越來越高。

紅

紅

紅

極端紅

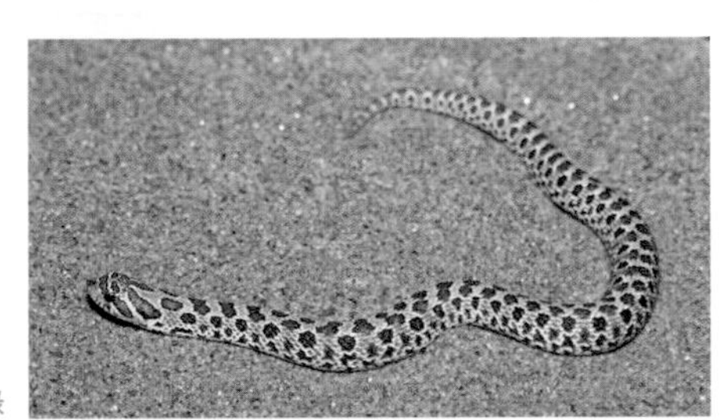

綠

黃

Lesson

03 白化

隱性遺傳／源自野生個體

白化是最古老的品系之一，就連野生個體或原生種也有可能因為突變而出現白化現象。豬鼻蛇的白化與其他生物一樣，都是缺乏黑色素的現象，而這種現象又稱為 T-Albino（Tyrosinase -），亦即 T- 白化。近年來透過選擇性交配的方式，許多被歸類為白化的豬鼻蛇也出現了各種紅色的品系。這些品系通常被命名為白化紅、白化橘或是極端紅白化等等，但本質上都是白化的豬鼻蛇，這些品系也可以互相交配。如果想配出紅色更為鮮豔的個體，通常會選擇紅色相對鮮豔的親體，才有機會配出極度偏紅的個體（這就是所謂的選擇性交配）。

白化

白化

極端紅白化

極端紅白化

白化橘

白化

白化

Lesson

04 粉紅淡彩白化

隱性遺傳／源自野生個體

粉紅淡彩白化與剛剛提到的白化是完全不同的品系，目前是由在德州捕獲的野生個體延續。雖然這種品系也屬於T-白化之一，但眼睛的顏色略偏葡萄色，全身的顏色也比一般的白化品系更淺。尤其在幼體時期，全身呈現接近紅色的亮粉紅色，看起來非常美麗。與一般的白化不具親和性，若與一般的白化品系交配，只能配出原生種。

粉紅淡彩白化

粉紅淡彩白化

粉紅淡彩白化

Lesson

05 黃色素缺乏

隱性遺傳／源自野生個體

其他的爬蟲類其實也常有缺乏黃色素的個體。黃色素缺乏的英文為Axanthic，其中的「Xanthic」就是黃色素的意思，字首的「A」則有否定的意思，在市場上通常直接稱為「缺黃」。一般認為，這種品系因為缺乏黃色素，所以連紅色素也跟著缺乏。雖然以灰色為基調的單色個體是配色極具魅力的品系，但每隻蛇的色調還是會因為血統而出現差異，所以如果想配出黃色（紅色）更淡的個體，就必須仔細挑選親體，後續的選擇性交配也至關重要。此外，這種品系與其他品系極具親和性，如果想配出幽靈或是雪白這類品系，都需要黃色素缺乏這種品系。

黃色素缺乏

黄色素缺乏

黄色素缺乏

黃色素缺乏

黃色素缺乏

Lesson

06 康達

共顯性遺傳／源自人工飼養

　　這是數量不多，花紋變化明顯的品系。最明顯的特徵在於身上的花紋比原生種更少，背部有著大塊的斑紋，目前由2004年人工飼育的個體延續。名字源自於外貌相似的南美大蛇「森蚺（*Eunectes murinus*）」。這種品系的基因屬於共顯性，若是彼此交配，有25%的機率配出背部到側腹的花紋完全消失的超級康達（Super Conda）。有些個體的腹部會呈現黑色，而且帶有些許斑點，但還是與原生種截然不同。有些康達的花紋較不明顯（看起來很像是原生種），所以透過腹部確認品系是比較確實的方式。近年來，這個品系常與其他品系交配，配出各式各樣的種類（在複合品系的章節會另行介紹）。不過，在共顯性遺傳的影響之下，一旦進行交配就很難「去除」不想要的花紋，所以在繁殖的時候要特別注意這點。

※此品系與後述的北極等品系都是共顯性遺傳的品系，但也有些專家把這些品系歸類為不完全顯性遺傳。不過，共顯性遺傳與不完全顯性遺傳在語意上幾乎相同，遺傳法則到目前為止也未有任何修正，所以本書沿用過去的說法（共顯性遺傳）進行介紹。

康達

康達

康達

康達

康達

康達

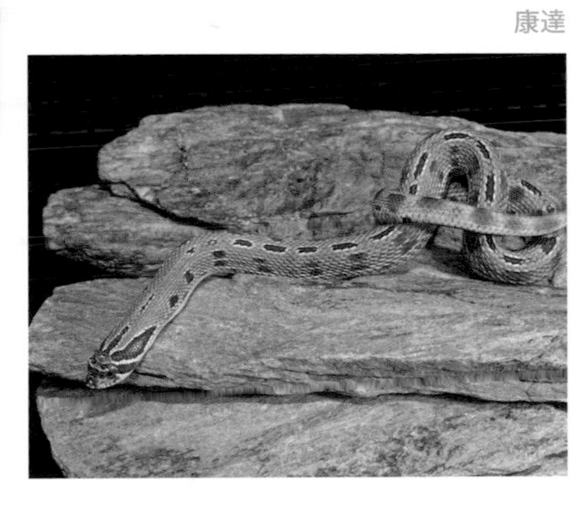

Lesson

07 北極

共顯性遺傳／源自人工飼養

北極這個品系的英文為Arctic。由於與黃色素缺乏的品系相似，因此又被稱為「JMG axanthic」。顧名思義，這是美國JMG Reptile於10多年前發現的新基因。由於是共顯性遺傳，因此若與同品系交配，就會有25%的機率出現黑白花紋相間，極度美麗的超級北極（Super Arctic）。北極的外觀與原生種或黃色素缺乏十分相似，如果不想在飼養時搞混，記得要在飼養箱貼上標籤。

北極

北極

Lesson

08 太妃糖

隱性遺傳／源自人工飼養

太妃糖的英文為 Toffee ／ Toffeebelly，屬於缺乏黑色素的品系，也被視為是海波（Hypo）品系之一，但有一說認為，太妃糖應該屬於 T+ 白化的品系（目前以 T+ 白化的說法為主流）。由於腹部的黑色部分帶有太妃糖的淡褐色花紋，因此被命名為太妃糖。就目前而言，太妃糖被認為與其他的海波品系不具親和性，但與一般的白化品系（T- 白化）具有親和性。

太妃糖

太妃糖

太妃糖

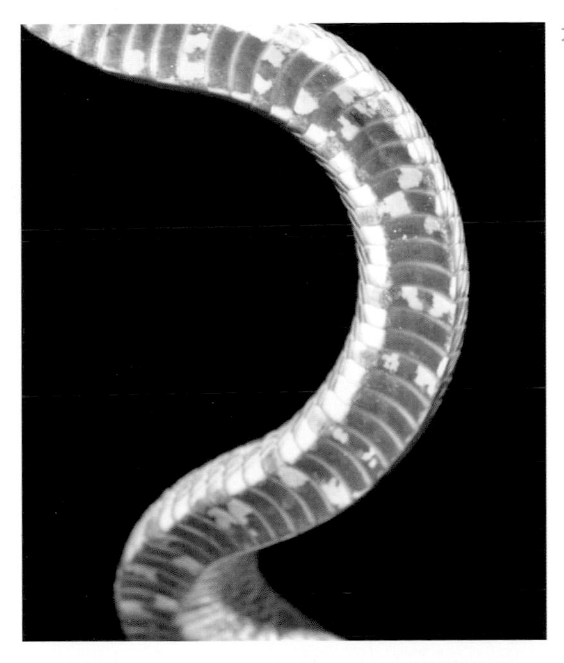

太妃糖（腹部）

太妃糖

Lesson

09 埃文斯海波

隱性遺傳／源自野生個體

其他的爬蟲類也常常會看到這種色彩變異的品系。埃文斯海波屬於缺乏黑色素而導致體色產生變化的品系，但有一說認為埃文斯海波與太妃糖一樣，都屬於T+白化的品系。相較於一般的海波品系，有不少個體的體色較為暗淡。這種埃文斯海波（Evans Hypo）是在野生環境下發現的品系，名字與血統源自在1990年代後半最先成功繁殖的繁殖業者姓氏（Evans）。就目前而言，埃文斯海波和太妃糖一樣，與其他的海波品系不具親和性，而與一般的白化品系（T-白化）則具有親和性。此外，還有花紋相似的精靈海波（Dutch Hypo）。這是於2010年，由荷蘭的繁殖業者偶然配出的花紋，最大的特徵就是擁有明顯的紅色（鱗片會帶有紅色斑點），腹部的鱗片則略顯透明。一般認為精靈海波與埃文斯海波不具親和性，但目前還未有定論。

埃文斯海波

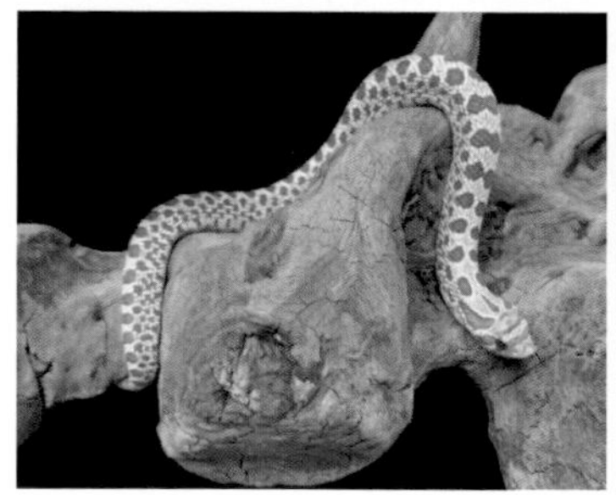

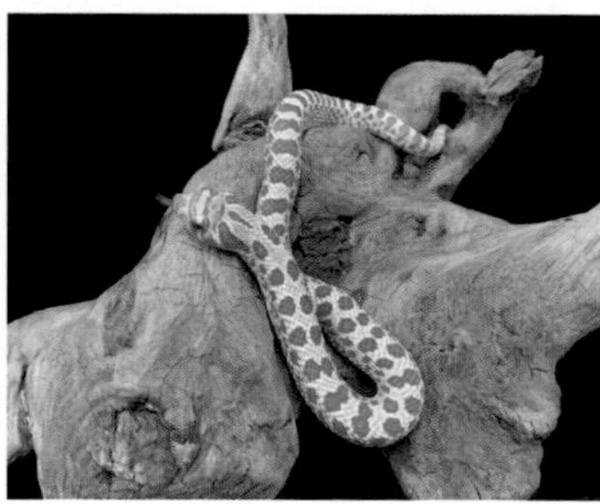

埃文斯海波

Lesson

10 焦糖（焦糖白化）

隱性遺傳／源自人工飼養

焦糖白化是缺乏黑色素的品系，淡雅的顏色顯得十分美麗。一般認為，這種品系源自於2000年代初期人工繁殖的埃文斯海波，在所有T+白化的品系之中，身上的花紋可說是最為突出。許多個體的鱗片之間具有黑色斑點，而且腹部呈現白色（乳白色）。在雜交之後呈現異型合子狀態的話，腹部偶爾會出現灰色的部分，而這個特徵也可以用來分辨隱性基因（Poss Het）。

焦糖

焦糖

焦糖

Lesson

11 黑貂

隱性遺傳／起源不明

大部分的豬鼻蛇都屬於缺乏黑色素的品系，唯獨黑貂是黑色素較多（沉著）的品系。要注意的是，一般不會以黑化（Melanistic）來形容這個品系。黑貂是這幾年才出現在市面上的新品系，近似黑色的深褐色可說是其最明顯的特徵。

黑貂

黑貂

黑貂（腹部）

Lesson

12 薰衣草

隱性遺傳／源自野生個體

明明體色美得像是人工繁殖的品系，但其實備受喜愛的薰衣草是源自野生個體的品系，亦即缺乏黑色素的T+白化突變品系。幼體時期的個體通常偏紅色，腹部則略呈暗色，等到長大之後，就會變成薰衣草的紫色，腹部的顏色也會漸漸變淡。由於眼睛為接近黑色的暗紅色，因此很多人以為牠的眼睛是黑色的，而這種烏黑的眼睛也讓人覺得特別可愛。目前已知的是，成體的顏色會隨著情緒而產生些許變化，情緒穩定的時候，則會保持原有的薰衣草色（紫色），生氣或是感受到壓力的時候，偶爾會變成黃褐色。一般認為，薰衣草身體的底色比其他品系更淡，所以體色的變化才會如此明顯，換句話說，其他品系應該也會出現體色變化的現象。

薰衣草

薰衣草

薰衣草

薰衣草（頭部）

Lesson

13 露西

隱性遺傳／源自野生個體

　　這種品系的體色為純白色，所以常有人稱牠為「白蛇」，甚至有人將牠的體色形容成「深白色」，雖然不知這樣的說法是否貼切。這種品系最大的特徵就是色彩變異。源自野生個體的露西是於2000年代初期，從美國動物園的野生個體突然誕生，並在2010～2015年左右，讓渡給數名繁殖業者（讓渡過程未對外公開）。之後便在這幾位繁殖業者以及愛好者的合作之下，慢慢地於全世界普及。市面上的露西主要是於歐盟國家繁殖的個體。直到幾年之前，繁殖業者都不曾讓這個品系流入市面，所以算是物以稀為貴的品系，但在這2～3年（2021年左右），價格總算降至一般人也買得起的水準。其他蛇類當然也有露西這種純白色品系，但豬鼻蛇的露西真的是與眾不同。露西在幼體時期因為皮膚很薄，所以會透出淡淡的粉紅色，這個顏色也讓人愛不釋手，不過，大部分的個體都會在長大之後變成純白色。

露西

露西

Lesson

14 開心果

隱性遺傳／源自人工飼養

開心果是於2009年，從德國繁殖業者飼養（品系繁殖，Line Breeding）的個體之中突然誕生的品系。開心果是一種缺乏色素的品系，體色通常很淡，偶爾也會出現如同精靈海波一樣全身偏紅的個體，所以很難只憑外表來判斷品系。與康達交配而來的開心果康達（俗稱綠惡魔）也非常可愛，很受歡迎，但可惜的是很少出現，這10年來的數量也不多，開心果與其他品系之間的交配也還有許多未解之謎。

開心果

開心果

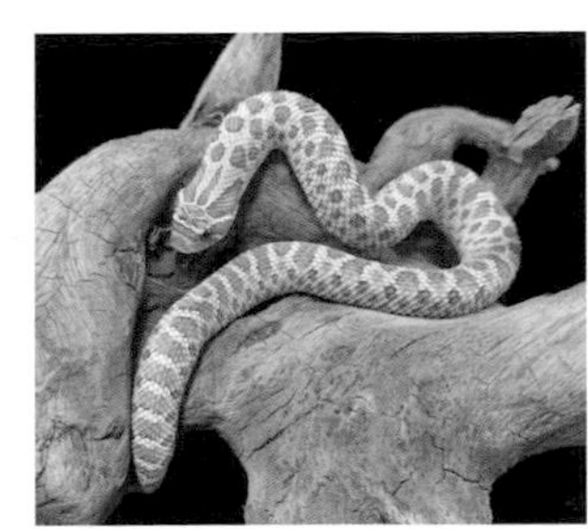

開心果

開心果（腹部）

開心果

Lesson

15 檸檬幽靈

顯性遺傳／源自野生個體

這是在2000年代初期，歐盟的繁殖業者讓野生個體交配之際，出現的少數顯性遺傳品系。這種品系在剛孵化的時候，看起來與原生種相似，但是長大之後，底色通常會轉變成黃色，塊狀斑紋則會變成偏綠的顏色。每隻成體的腹部顏色都不太一樣，有些是明亮的單一黃色，有些則是暗沉色調的塊狀斑紋。有一說認為，這種品系源自選擇性交配（多基因遺傳），但目前以顯性遺傳的說法最為有力。

檸檬幽靈

檸檬幽靈 被歸類為「幽靈」的複合品系，指的是黃色素缺乏與海波雜交而成的雙隱性基因品系

Column

豬鼻蛇的近親

東部豬鼻蛇

Heterodon platirhinos

分布：美國東部（將北美大陸縱切成兩半之後的東側）各州
全長：60～80公分左右

相較於西部豬鼻蛇，東部豬鼻蛇的鼻子上翹角度較小，但大部分的個體會在威嚇敵人的時候撐開頸部肋骨，而且身上的花紋與顏色也讓牠們看起來很像毒蛇，這是東部豬鼻蛇最明顯的特徵之一。目前已知的是，東部豬鼻蛇的最大體型可達115公分（母蛇），而成體的平均體型則落在70公分左右。每隻個體的色彩都有相當明顯的差異（地域差異），有些個體是全黑的，有些呈現褐色，有些則是紅黑相間的顏色，看起來都十分美麗。直到2011年左右，市面上才開始出現少量的野生個體以及來自美國的人工飼育個體，但北美在這幾年不斷地推動野生生物保護活動，所以野生個體漸漸地在市面絕跡，而人工飼育個體也跟著減少。若是在野生環境之下，東部豬鼻蛇比西部豬鼻蛇更常捕食青蛙（尤其是蟾蜍），所以大部分的個體都不愛吃冷凍餌料鼠，沒經過訓練就願意吃冷凍餌料鼠的野生個體更是幾乎不曾看過。即使是人工飼養的個體也不見得願意吃餌食，這或許就是東部豬鼻蛇難以在寵物市場占有一席之地的原因吧。

南部豬鼻蛇

Heterodon simus

分布：美國東部（從佛羅里達州南部到北卡羅來納州，西側則到密西西比州南部為止）
全長：35～60公分左右

乍看之下與西部豬鼻蛇相似，卻是完全不同的種類，擁有與東部豬鼻蛇相似的中間色花紋，也是本屬最小的種類，就資料顯示，體型最大可達60公分左右，但平均都落在45～50公分上下，就算與西部豬鼻蛇相較，體型也小了一號。南部豬鼻蛇與地域差異、個體差異明顯的東部豬鼻蛇不同，體色以灰色、黃褐色、紅褐色為主，背部通常會帶有深紅色以及大塊斑紋。流通數量與東部豬鼻蛇一樣都很少見，不管是現在還是過去，都很難在歐美的市場看到人工繁殖的個體。不過，南部豬鼻蛇似乎比東部豬鼻蛇更願意被餵食，在德國的爬蟲類展覽也曾有專門繁殖南部豬鼻蛇的繁殖業者參加，或許今後在市場上也能慢慢地看到人工繁殖的個體。

三色豬鼻蛇

Xenodon pulcher

分布：橫跨玻利維亞、巴拉圭、阿根廷北部的大廈谷地區、巴西西南部
全長：55～70公分左右

三色豬鼻蛇與西部豬鼻蛇的模樣非常相似，但原產地在南美。從學名（屬名）不同這點也可得知，西部豬鼻蛇與三色豬鼻蛇在分類上的相關性相當低。若問三色豬鼻蛇的特徵是什麼，當然是牠身上鮮豔無比的色彩，以及具有「擬態」的能力，能夠模仿同樣棲息於南美地區的珊瑚蛇屬（Micrurus屬）的毒蛇。三色豬鼻蛇於寵物市場流通的歷史由來已久，過去主要是歐美繁殖的個體在市場上少量流通。之所以能在市面上看到牠們，或許是因為牠們有時願意吃冷凍餌料鼠，比最難餵養的東部豬鼻蛇還要容易餵養，所以繁殖業者的數量也相對較多，要注意的是，也有些繁殖業者認為很難只餵冷凍餌料鼠，所以就餵食的部分而言，目前還難以下定論。此外，三色豬鼻蛇與Heterodon屬的蛇類一樣，後牙都是有毒的，而且毒性也比Heterodon屬的蛇類強一點，所以在照顧牠們的時候，還是要格外小心。

【複合品系】

接著要介紹的是由2種以上的品系交配而成的複合品系，以及繁殖複合品系的方法。在此介紹的組合都只是僅供參考，有些複合品系也可透過其他不同的品系交配而成，大家可以自行根據遺傳基因等資訊嘗試不同的組合。本書只介紹透過交配的方式來繁殖目標品系的方法。

要注意的是，本書介紹的資訊為「2022年11月的最新資訊」。西部豬鼻蛇大約是在這10～15年之間成為主流，但就筆者的記憶所及，直到15年前為止，市面上都看不到雪白這類品系的豬鼻蛇。而且連歷史比爬蟲類更悠久的熱帶魚（孔雀魚這類卵胎生魚等等）的遺傳資訊也仍然相當複雜，所以要在5年或10年之內就釐清歷史遠比魚類短淺，繁殖週期又遠比魚類來得長（達到性成熟所需的時間較長）的爬蟲類的遺傳法則，實在是痴人說夢。即使是現在認為不能交配的組合，實際上也有可能是可以交配的（比方說，肥尾守宮就是一例）。

筆者認為，就算別人跟你說「這個與這個不能交配」或是「這個與這個交配不會懷孕」，大家還是可以盡量試試看。就算試了3種或5種的組合都不行，也有可能只是因為「運氣不好而已」，建議大家不妨多方嘗試，不要被周遭的意見影響。

雪白　2007年誕生的複合品系，也是開創先河的品系。雙隱性基因

雪白

雪白

雪白

雪白康達（Yeti）

雪白康達（Yeti）

超級康達　利用擁有共顯性基因的康達繁殖出的超級體

超級康達

超級康達

超級康達

幽靈

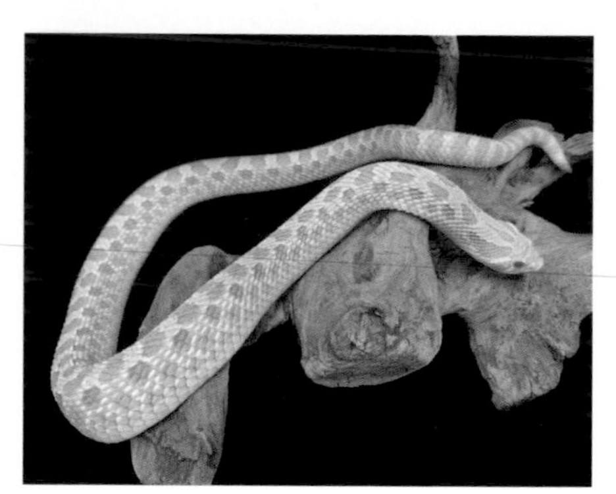

幽靈

幽靈（頭部）

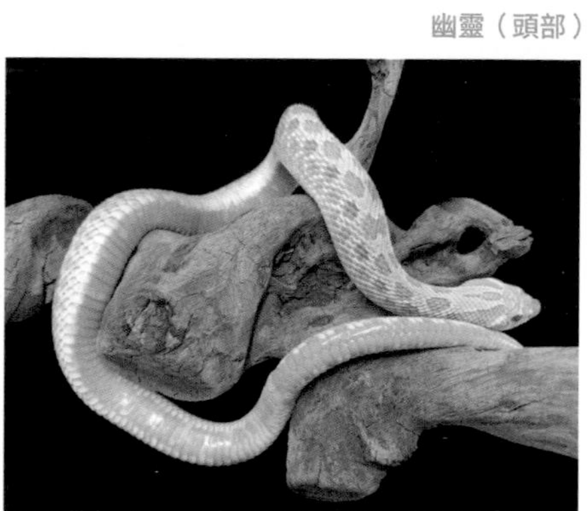

幽靈

幽靈（幼體）

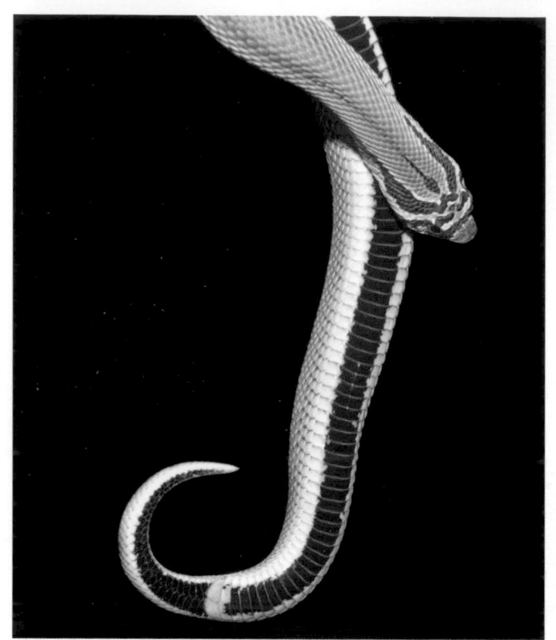
超級康達（腹部）

白化康達（腹部）

白化康達

白化康達

白化康達

白化康達　與其他品系一樣，每個個體的色調與斑紋都略有不同

白化超級康達

白化超級康達

白化超級康達

缺黃康達

缺黃康達

缺黃超級康達

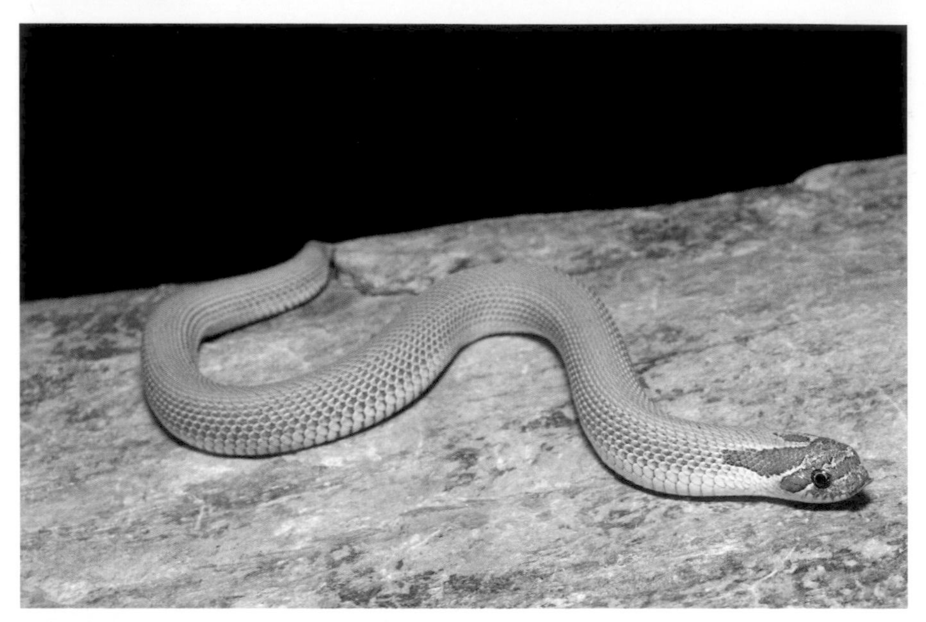

缺黃超級康達

缺黃超級康達（腹部）

缺黃超級康達

超級北極

超級北極

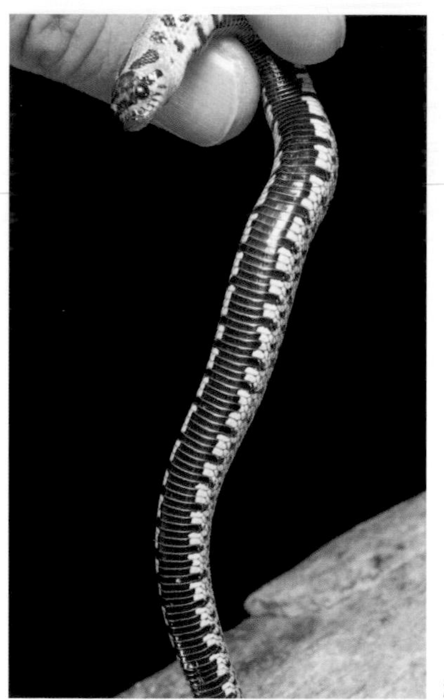

超級北極

超級北極（腹部）

超級北極

超級北極康達

超級北極康達

超級北極康達

太妃糖康達

太妃糖康達

太妃糖超級康達（糖果）

太妃糖超級康達（糖果）

Toffee Glow Conda

Toffee Glow Conda

香草櫻桃太妃糖康達

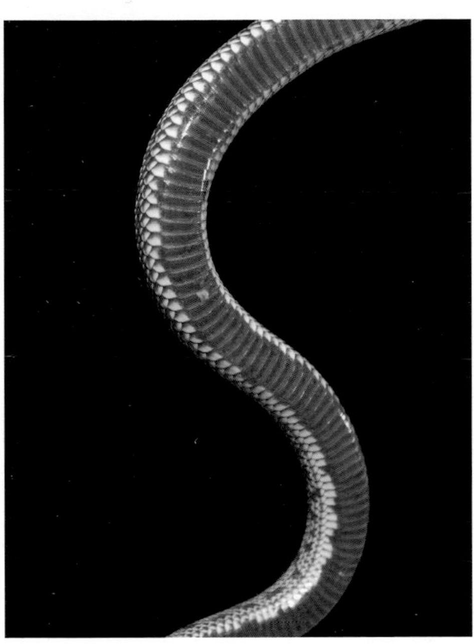

香草櫻桃太妃糖康達（腹部）

繁殖複合品系

雪白

黃色素缺乏Het白化＋白化Het黃色素缺乏
原生種Het白化／黃色素缺乏＋原生種Het白化／黃色素缺乏等等

雪白康達（Yeti）

白化康達Het黃色素缺乏＋黃色素缺乏Het白化
康達Het白化／黃色素缺乏＋白化Het黃色素缺之等等

超級康達

康達＋康達等等

幽靈

黃色素缺之Het埃文斯海波＋埃文斯海波Het黃色素缺乏
原生種Het黃色素缺乏／埃文斯海波＋原生種Het黃色素缺乏／埃文斯海波等等

白化康達

白化＋康達Het白化
原生種Het白化＋康達Het白化等等

白化超級康達

白化康達＋白化康達
康達Het白化＋康達Het白化等等

缺黃康達

黃色素缺乏＋康達Het黃色素缺乏
原生種Het黃色素缺乏＋康達Het黃色素缺乏等等

缺黃超級康達

缺黃康達＋缺黃康達
康達Het黃色素缺乏＋康達Het黃色素缺乏等等

超級北極

北極＋北極等等

超級北極康達

超級北極＋北極康達
北極康達＋北極康達（也會出現上位品系的超級北極超級康達）等等

太妃糖康達

人妃糖＋康達Het太妃糖
原生種Het太妃糖＋康達Het太妃糖等等

太妃糖超級康達（糖果）

太妃糖康達＋白化康達
康達Het白化＋康達Het白化等等

Toffee Glow Conda

Toffee Glow＋康達Het白化／太妃糖
康達Het白化／太妃糖＋康達Het白化／太妃糖（也會出現上位品系的Toffee Glow Super Conda）等等

香草櫻桃太妃糖康達（香草櫻桃康達）

太妃糖康達＋RBE淡彩Het太妃糖
康達Het太妃糖＋RBE淡彩Het太妃糖等等

基本用語集

WC與CB	WC是Wild Caught（Catch的過去式）的縮寫，意思是野生捕捉，寫成WC或是WC個體都是野生捕捉個體的意思。CB則是Captive Breeding（或是Captive Bred）的縮寫，指的是人工飼養與繁殖。若寫成CB或是CB個體，則有在人工飼養之下繁殖的個體之意。
上手	可以將個體放在手上欣賞（個體不會逃跑）的意思。西部豬鼻蛇、蛇類或是爬蟲類通常都不喜歡「被抓住」。將手滑進個體的腹側並輕輕把豬鼻蛇捧起來，讓牠們自由地在手掌與手指之間遊走，會是比較適當的上手方式。
品系	英文為morph。原意是「姿態、形狀」，但在爬蟲類的世界裡，通常譯為「品系」。具有特定遺傳性的品種基本上都可說成「品系」。
共顯性遺傳	英文為co-dominant，是遺傳特徵之一，可視為比顯性遺傳的影響力更強的遺傳特徵。具有顯性遺傳的品系基本上有50%的機率能將自己的特徵傳給下一代（例：原生種＋顯性基因品系A＝50%原生種&50%品系A）。如果讓具有共顯性遺傳的品系互相交配，則有25%的機率出現特徵更加明顯的個體（與親體的外表不同的個體），該個體又稱為超級體，通常會命名為超級○○○（例：豹紋守宮的超級雪花就是其中一例）。西部豬鼻蛇的康達或是北極這類屬於共顯性遺傳的品系，從幾年前開始就能在市面上看到超級康達或是超級北極這類超級體。
隱性遺傳	英文為Recessive。這也是遺傳特徵的一種。許多人以為這種遺傳基因的力量比較弱，但其實不然，只是在遺傳特徵上，隱性與顯性或共顯性有所不同而已。簡單來說，就是基因的表型是否容易表現出來或是未表現出來（這就是隱性遺傳）。西部豬鼻蛇的隱性遺傳品系非常多，例如白化、黃色素缺乏、太妃糖、露西、薰衣草等都屬於這類。假設讓這些品系與原生種的個體交配，下一代的外表會與原生種的個體完全一樣，有100%的機率會是異型合子○○（這裡的○○為與原生種交配的品系），大家只要記住異型合子的品系一定是隱性遺傳的品系就沒錯了。
異型合子	英文為Hetero，是heterosexual的簡稱（反義詞是homosexual）。這個單字源於希臘語，意思是「差異」、「不同」。在爬蟲類的世界通常標示為「Het」或「het」，接在這個標示後面的品系名稱代表「雖然未於外表顯現，但該個體具有此品系的遺傳基因」之意。以原生種Het白化為例，就是「外表雖然是原生種，但體內有白化的遺傳基因」之意。雖然有人會說成「白化異型合子」，但這其實是錯誤的說法，如果要詳細解釋的話，實在是說來話長（意思完全相反），所以請大家注意這點。
多基因遺傳	英文為polygenetic，意思是親體的性狀（顏色、花紋、外貌等等）有相當高的機率會遺傳給後代。多基因遺傳的個體若與特徵更加顯著的個體交配，該特徵就會更加明顯。多基因遺傳也可說成選擇性交配。在西部豬鼻蛇的世界裡，從原生種之中挑出偏紅的個體進行交配，配出顏色更為鮮紅的個體，或是從白化的個體之中挑出偏紅的個體，配出極端紅白化這種偏紅的白化個體，這些都是多基因遺傳的例子。
白化	英文為Albino。最知名的白化例子就是紅眼睛的兔子。紅眼睛的白化個體無法自行生成酪胺酸酶（tyrosinase）這種產生黑色素的酵素，有時候會寫成T-白化（T就是酪胺酸酶的T），另一種則是T+白化，指的是能夠自行生成酪胺酸酶的白化個體。這種個體的眼睛就不會是紅色，而是會呈現葡萄色（接近黑色的深紅色），視力也不會太差。
複合品系	英文有時會寫成Combination Morph或是Combination Bonus，原本是遊戲用語。在飼養爬蟲類的世界裡，指的是讓多個純種品系組合成新品系。近年來，西部豬鼻蛇也出現了各式各樣的複合品系。市面上慢慢地出現了雪白、白化康達這類由2種品系組合成的複合品系，以及缺黃超級康達這種由3種品系組合成的複合品系。
半陰莖	英文為hemipenis，是有鱗目的雄性生殖器，蛇類的話，通常會藏在總排泄孔往尾巴末端方向的袋狀構造之中。半陰莖通常是左右各一，平常不會外露，形狀則隨著種類而不同，有的長得像是花朵，有的則是布滿了棘刺。以功能面來說，其實只需要一根半陰莖就能達成繁衍的目的，目前也還不知道為什麼半陰莖需要2根（一對）。
自斷尾巴	守宮與蜥蜴在承受外部壓力的時候，能夠自行切斷尾巴。西部豬鼻蛇與其他蛇類都無法自行切斷尾巴，所以如果看到尾巴較短的個體，有可能是出生的時候，尾巴早就因為外傷而壞死。

Chapter 6

豬鼻蛇的Q&A

—— Question & Answer ——

沒養過爬蟲類的人也可以養嗎？

A 我很想大聲說「可以養」，但能不能養是因人而異。如果「真的很想養西部豬鼻蛇」當然可以養，但如果只是因為周圍有人養，或是以為養豬鼻蛇很簡單，那麼很容易就會失敗或是養到一半就不想養了。如果是初次飼養，建議不要從幼體開始養，而是盡量從已經長大的個體開始養。不論如何，在決定飼養的時候，務必要與店家仔細商量和討論。常言道「開口問只會丟臉一下子，不開口問就會丟臉一輩子」，在飼養寵物的時候，若是不肯開口問，那麼除了「很丟臉」之外，還很可能會害死寵物。

豬鼻蛇可以活多久？

A 母蛇的壽命會隨著產卵的次數等而有明顯的差異，但通常落在10～18年之間（平均為15年左右）。不過，所謂的壽命本來就是因個體而異，即使是人類，也不可能每個人都活到100歲對吧？就筆者個人的意見而言，寵物的壽命完全取決於飼主的飼養方式。假設飼養方式有誤，寵物的壽命肯定會縮短。雖然太過在意寵物的壽命有些本末倒置，但既然身為飼主，當然還是要盡力讓寵物活得長長久久。前面的章節也提過因為飼主過度保護（餵太多餌食等等），反而讓寵物變得短命的例子，還請大家務必以正確的方式飼養寵物。

豬鼻蛇會咬人嗎？

A 豬鼻蛇有嘴巴，所以當然會咬人……我實在不想這樣回答，不過還是請大家記住豬鼻蛇會咬人這件事。豬鼻蛇的個性非常溫和，就算生氣也不太會氣得咬人。但牠們很貪吃，經常把手指當成餌食，所以才會不小心咬人，尤其當手指沾到冷凍餌料鼠的味道時，牠們更是會用力地咬上來。這個習性無法改掉，所以請大家一邊觀察牠們對於餌食的反應，一邊慢慢了解牠們的特性。如果真的被咬的話，請把所有的錯都怪在自己身上（飼養技巧不足或是自己不夠小心等等）。

Q 想要讓豬鼻蛇上手觀賞，但每隻個體都能上手嗎？

A 豬鼻蛇的個性大多很溫和，通常比玉米蛇等蛇類更容易上手。但每隻豬鼻蛇都可以上手嗎？當然不可能。每隻豬鼻蛇都有自己的個性，有的很膽小與怕生（尤其還是幼體的時候），如果硬是要觸摸牠們，很可能會讓牠們覺得有壓力，請了解牠們的個性之後再試著上手。飼養爬蟲類的時候，過多的觸摸都只是「人類的自以為是」，所以不太建議過於頻繁地觸摸牠們。上手的方法已在內文中說明過，請大家自行參考。

Q 廚房紙巾或是寵物專用尿墊可以當成底材使用嗎？

A 這是近年來，很多人詢問的問題。一如內文所述，只要不怕麻煩，當然可以使用廚房紙巾當作底材，但是寵物專用尿墊則不太建議。因為大型的豬鼻蛇在吃冷凍餌料鼠的時候，很有可能會不小心連同寵物專用尿墊一起吞下肚。雖然使用廚房紙巾或是報紙也會發生相同的問題，但廚房紙巾與報紙終究是紙（天然素材），稍微吃進肚子裡也不會有太大的問題。然而寵物專用尿墊的吸水聚合物是完全無法消化的人工製造物，所以會在體內不斷地膨脹與滯留，一個不小心，甚至有可能得動開腹手術。如果打算使用寵物專用尿墊，就必須在餵食的時候格外小心。

Q 我想一次養很多隻豬鼻蛇，可行嗎？

A 最好不要一次養很多隻豬鼻蛇，因為有一定的難度。野生環境下的豬鼻蛇或多或少都有捕食爬蟲類的習性，不吃冷凍餌料鼠的個體卻願意吃壁虎的例子也十分常見。此外，我雖然沒有親眼看過，不過像捕食爬蟲類那樣吞食同類的例子即使很少，但還是有可能發生。另外，如果在餵食的時候，冷凍餌料鼠的味道沾到其他個體的身上，豬鼻蛇很有可能因為味道而誤以為對方是餌食，所以最好不要一次飼養太多隻豬鼻蛇。

如果要外出旅行一週的話，該怎麼處置豬鼻蛇？

只需要注意溫度，就能「放著不管」。不管是氣溫較高的時期，還是天氣很冷的時期，只需要將空調設定在適當的溫度，然後一直開著不要關，應該就不會有問題。即使是幼體，一週不吃東西也不會有太大的影響（成體的話，可以2～3週不吃東西）。至於水分的部分，也只需要在平常的水容器裡注入足夠的水，就不會有任何問題。最不該做的，就是在出門前讓牠們吃一大堆東西，以及擔心牠們著涼而把溫度調得太高。要是在出門之前讓豬鼻蛇吃太多東西的話，一旦牠們在你不在的時候把食物吐出來，恐怕會來不及處理。由於在你外出的這段時間不會餵食，因此若是將溫度調得太高，反而會加速牠們的代謝，讓牠們白白餓肚子。在出門旅行的前幾天餵牠們吃平常的分量，以及幫牠們換水，就可以放心出遊。如果還是很擔心的話，可安裝寵物攝影機，透過智慧型手機觀察牠們。

Q 冷凍餌料鼠有保存期限嗎？

雖然沒有特別標示，但基本上是有保存期限的。大家不妨問問自己「你會喜歡吃冷凍長達半年的肉嗎？」答案應該很明顯。一般來說，最好能在2～3個月之內餵食完畢，以免冷凍餌料鼠凍壞。不過要注意的是，小隻的乳鼠最好要早點餵完。此外，解凍之後的飼料鼠不能再次冷凍。所謂的保存期限是指「處於完全冷凍狀態的期間」。

Q 豬鼻蛇也可以吃人類常吃的雞柳嗎？

令人意外的是，很多人問這個問題。若問豬鼻蛇吃不吃雞柳，願意吃的個體應該比較多才對。不過，「願意吃」與「適合用來飼養」完全是兩回事。比方說，冷凍餌料鼠剛好用完，而且接下來幾週沒時間去買，不過能夠買到雞柳，當然可以暫時拿來餵豬鼻蛇。此外，有些個體雖然不吃冷凍餌料鼠，卻願意吃雞柳，所以雞柳當然也能拿來餵這類個體。不過要注意的是，雞柳只是雞的某個「部位」，不能算是吃了全雞，完全不能與餵食冷凍餌料鼠相提並論。因為吃「整隻老鼠」除了可以吃到肉，還可以吃到骨頭與內臟，能夠從中攝取各種營養，所以餵食整隻老鼠才是正確的飼養方式。

Q 在展示銷售會購買的個體不吃餌食，是不是生病了嗎？

A 近年來，相關的展示銷售會越來越多，問這個問題的人也相對增加。因為生病而不願意進食的機率當然不會是零，而且店家也有可能說謊（明明不願意進食，卻說成願意進食），雖然我不太想以小人之心度君子之腹，但正常來說，豬鼻蛇之所以不願意進食，通常是因為環境改變了。店家大多會把溫度調得比較高，也會利用空調讓室內隨時維持在一定的溫度，所以當我們把豬鼻蛇從會場帶回家時，溫度通常會不斷地變動，若是冬天的話，一到晚上家裡的溫度就會變得比較低，這些因素都有可能讓豬鼻蛇不願意進食。若問該怎麼做才能解決這個問題，只要飼養環境的溫度與飼養的狀況還算正常，不妨就先維持這個溫度，從旁觀察豬鼻蛇的狀況。當豬鼻蛇習慣這個溫度（環境）之後，通常就會願意進食。這個道理也可套用在魚類身上。大部分的生物（尤其是變溫動物）都會先試著適應氣溫、水溫或是環境的變化再嘗試捕食，而且體型越大的個體，越需要更多時間適應，所以請大家多點耐心，從旁觀察牠們。有些人會因為牠們不願意進食而把溫度調高，但這樣往往會適得其反。

Q 如果不小心讓豬鼻蛇逃走的話，應該要怎麼處理？

A 飼養蛇類的人很常問這個問題。蛇類就是會逃跑。筆者也常對新手說「蛇類就是會逃跑，請務必嚴加看管」。只要是長年飼養蛇類的人，應該大部分都遇過蛇類逃跑的意外。話說回來，不小心讓牠們逃跑當然不是什麼值得稱讚的事，所以請先準備一個讓牠們絕對無法逃跑的飼養箱，然後每天好好地照顧與看管牠們。如果還是不幸讓牠們逃脫的話，第一步是先徹底搜尋室內。豬鼻蛇是喜歡在地面棲息的生物，所以不太會往高處爬，但還是要把牠們可能會去的地方全部找一遍，尤其要注意牠們是不是躲在洗好的衣物之間或是書架的縫隙內。此外，牠們有沿著牆壁移動的習性，所以房間的牆角與大型置物架都是基本的搜尋重點。如果怎麼找都找不到，而且有可能逃到戶外的話，請務必通知離家最近的派出所。警察通常會以尋找失物的方式處理。許多人害怕被警察責備而不敢報案，但是警察其實不會生氣（大部分的警察都會反過來關心）。民眾發現豬鼻蛇的話，一般都會送到派出所，所以有可能在報案的時候已經找到了。請大家不要因為害怕丟臉，而不敢找警察幫忙。

如果飼養的豬鼻蛇個體死亡，該怎麼處理呢？

A 只要飼養寵物，就可能因為各種因素而不得不面對寵物死亡的問題。早期都是建議埋在土裡，但近年來，為了預防國內沒有的疾病與細菌擴散，所以不太建議埋在土裡。那麼，到底該怎麼處理呢？可以選擇火葬，把骨灰放在家裡保管，也可以做成骨骼標本或是透明標本。如果希望寵物死後，仍然可以陪在身邊的話，不妨選擇上述這些方法。此外，就算選擇土葬，也可以試著埋在盆栽裡，如此一來就不會直接接觸大自然的土壤，唯一要注意的是，如果盆栽的土太少，土壤中的細菌數量就不多，自然無法順利分解寵物的遺體，也有可能因此飄出惡臭。如果捨得的話，其實也可以當成可燃性垃圾處理。這種做法其實比帶到公園或山裡埋起來更好，至於要選擇哪一種方法，就請各位自行判斷。

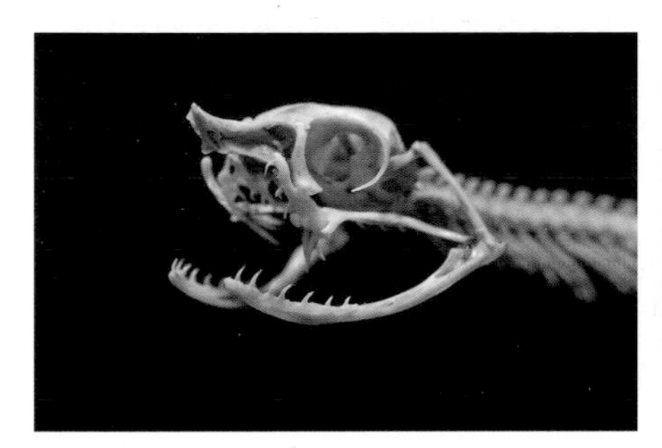

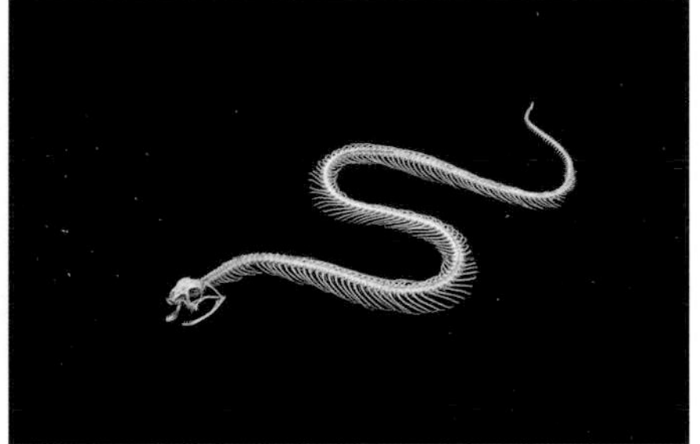

豬鼻蛇的骨骼標本（製作：骸屋本舗）

著者

西沢 雅

1900年代末期於日本東京都出生。從專修大學經營學院經營學科畢業。自年幼時期開始便很喜歡釣魚、在野外採集標本，以及與各種生物接觸。就學時期曾於專賣店擔任店員，負責銷售熱帶魚，爬蟲類與兩棲類，猛禽，小動物等等。在多間專賣店工作之後，累積了許多與生物有關的知識。2009年創立網路商店Pumilio，之後又於2014年開設實體店面。自2004年開始，於專業雜誌連載兩棲類與爬蟲類的專欄，並在2009年透過動物出版社推出《守宮與蜥蜴的醫療、飲食與居住》這本著作。2011年透過株式會社Pisces出版《密林的寶石 箭毒蛙》，以及透過笠倉出版社推出《多趾虎教科書》等教科書系列。2022年則透過誠文堂新光社出版《守宮與山椒魚的完全飼養手冊》（以上書名皆為暫譯）。

【參考文獻】

・《Vivarium Guide》（98號）
・《CREEPER》
・Designer-Morhps "Western Hognose Snakes"

STAFF

執筆　西沢 雅
攝影・編輯　川添 宣広
攝影協力　aLiVe、iZoo、エンドレスゾーン、桑原佑介、サムライジャパンレプタイルズ、蒼天、T&T レプタイルズ、爬虫類倶楽部、プミリオ、HOG-STYLE、マニアックレプタイルズ、鮫屋本舗、リミックス ペポニ、レプティリカス、Revier

內文設計　横田 和巳（光雅）
企劃　鶴田 賢二（クレインワイズ）

豬鼻蛇超圖鑑

從飼育知識到日常照護一本全掌握

2023 年 7 月 1 日初版第一刷發行

著　　者　西沢 雅
攝影・編輯　川添 宣広
譯　　者　許郁文
主　　編　陳正芳
美術設計　林佳玉
發 行 人　若森稔雄
發 行 所　台灣東販股份有限公司
　＜地址＞台北市南京東路 4 段 130 號 2F-1
　＜電話＞(02)2577-8878
　＜傳真＞(02)2577-8896
　＜網址＞http://www.tohan.com.tw
郵撥帳號　1405049-4
法律顧問　蕭雄淋律師
總 經 銷　聯合發行股份有限公司
　＜電話＞(02)2917-8022

國家圖書館出版品預行編目（CIP）資料

豬鼻蛇超圖鑑：從飼育知識到日常照護一本全掌握
= How to keep western hognose snake / 西沢雅著；許郁文譯. -- 初版.
-- 臺北市：臺灣東販股份有限公司, 2023.07
128面；14.8×21公分
譯自：シシバナヘビの教科書
ISBN 978-626-329-823-1(平裝)

1.CST：蛇　2.CST：蛇亞目　3.CST：寵物飼養

437.39　112006313

SHISHIBANAHEBI NO KYOKASHO SHISHIBANAHEBI NO KISO CHISHIKI KARA SHIIKU・HANSHOKUHOHO TO KAKUHINSHU NO SHOKAI